JN056172

よみがえる酪農のまち

足寄町放牧酪農物語

荒木 和秋 著
坂本秀文 協力

はじめに

本著作は、20年に亘る壮大な農家群による「社会実験」の記録である。自然科学分野では実証実験の成功は、再実験によって有効性が証明されるが、社会科学の場合は長い時間と多数の農業者を対象とするため簡単にはいかない。足寄町の事例は、既存の農家グループによる集約放牧事業の導入による経営実験と新規就農者による再現実験ともいうべきもので、見事に集約放牧、定置放牧の効果が実証されたことは、日本の農村社会において極めて稀な事例である。

この「実験」の成功は、集約放牧や定置放牧の経営的有効性が示されたことで、日本における放牧の普及の可能性を示すものである。

現在の日本における酪農の経営方式は、重装備の施設、機械と輸入穀物を使った高泌乳牛酪農が展開している。この経営方式は、アメリカの飼養管理技術を導入した工場型畜産で、北海道においてもその傾向を強めている。

しかし、これまでの規模拡大による多額投資、輸入穀物の投入による高泌乳牛酪農の追求は、国際競争力の低下のみならず、家族労働に過重労働を強い、乳牛の疾病増加、農地の許容能力を超えた糞尿の投入による環境問題、等を引き起こしている。また、より深刻な問題は、労働過重や嫁不足などによる後継者の離脱で離農が増加し、農村の衰退が深刻化していることである。

時あたかも2020年春は、世界中が新型コロナウィルスの蔓延で大混乱に陥り、社会・経済システムの大転換が予想され、酪農生産のあり方も問われている。

酪農は、人、牛、土、環境がともに健康で、消費者に高品質な牛乳を届けるという本来の姿を取り戻さなければならない。本書は、個々の酪農家が主体性をもち、酪農の本来の姿を取り戻すために苦闘した酪農民達の実践記録である。

目　次

第１部　協同の力による復活編

第１節　放牧と新規就農が地域を再生させる

放牧スタートの恒例行事「出陣式」

本格的な放牧のシーズンを迎えた４月17日、総勢30名が集まり恒例の「放牧酪農技術実践・出陣式」が足寄町町民センターで行われた。この会は、足寄町新規就農の会（会長・吉川友二さん）が主催するもので学習会を兼ねた新規就農者および予定者の交流会で６年前に始まった。

2019 年の出陣式に参加した新規就農者と関係者（2019.4.17）

今年は新規就農を予定している渡辺耕平さんのフランス酪農研修と町内でチーズを作っている宍倉優二さんのイギリス、フランスのチーズ研修に関する報告会の後、食事会が開かれた。昼食には各農家が持ち寄った自慢の料理のほか、清水町から移り住んだ元肉牛農家の佐々木敏明さんの手打ちそばが振る舞われた。食事の後には、元町役場職員の坂本秀文さん（現びびっど足寄町移住サポートセンター）が、美声で詩吟「乳流るる郷」を披露し放牧のスタートを切る酪農家へのエールとなった（**写真**）。

畜産中心の町農業と２つの農協

十勝地域の東北部に位置する足寄町は、東西66km、南北41km、総面積1,408km^{2}で、かつては日本最大の面積を誇る自治体であった（現在は６番目）。しかし、その83.6％は森林であるため農地は森林の中を縫うような形で存在し、草地は傾斜地が多い。そのため町の農業は畜産が中心である。約84億円の生産額（2016年度）のうち87％を畜産（生乳37億円、肉牛29億円、乳用牛６億円）が占める。農産物（小麦２億5,000万円、豆類１億4,000万円など）は、足寄町の中でも主に条件の良い平坦地で生産される。

足寄町農業の地域区分は、明治時代から開拓が行われた市街から阿寒方面および陸別方面の東部地区と戦後開拓が行われた茂喜登牛（もきとうし）および置戸方面の西部地区に分かれ、前者は旧足寄町農協の管轄、後者は旧足寄町開拓農協（旧開協）の管轄であったが、2005年に両農協は合併し現足寄町農協となった。この二つの農協では新規就農者の受け入れで大きな違いがあった。

新規就農を担った人物

近年の新規就農者の第１号は、集約放牧事業の成功が見えてきた2001年（平成13年）の吉川友二さん（以下敬称略）である。それ以降、2016年までの15戸の新規就農者の面倒を見てきたのが坂本秀文と榊原武義（現足寄町農業委員）であった。

図 1-1　足寄町内の地域（足寄町役場提供）

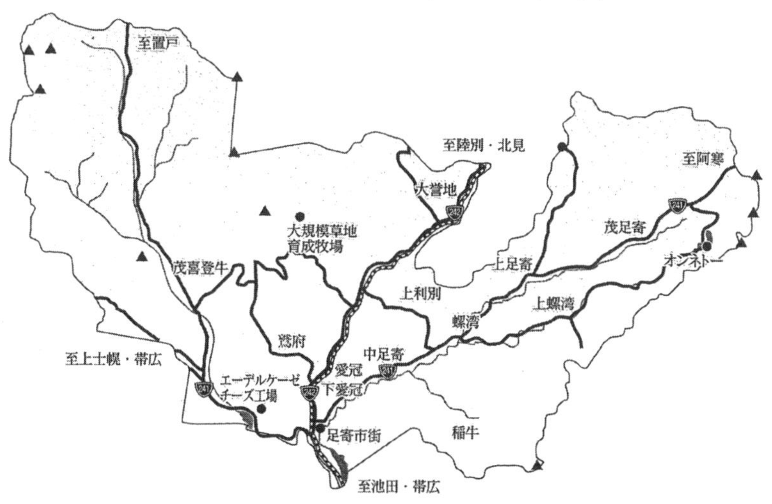

二人とも旧開協の職員で、榊原は1998年に退職し、2001年秋に町役場の嘱託職員となり新規就農の誘致を行ってきた。また、青色申告のための簿記指導を新規就農者に指導している。

坂本は、1971年３月に酪農学園大学を卒業後、坂本が所属していた研究室の指導教授であった平尾和義（故人、元酪農学園大学学長、元酪農学園理事長）の勧めで足寄町開拓農協（開協）に家畜人工授精師として就職した。坂本は福島出身で、旧開協地区では福島、山形からの戦後開拓者が多かったことも足寄町を選んだ一つの理由であった。

坂本は、総務部長をはじめ畜産、購買、販売、企画、経営指導の各部長を歴任した。人事異動が頻繁に行われたためである。その背景には、開協を構成する酪農家と肉牛農家の理事の確執があり執行部が頻繁に替わったことによる。坂本は開協を２度解雇されている。最初は開協のホル肉牛事業の収益が悪化したことで、99年に正準職員８名が年齢の高い順番から整理解雇になった。しかし、希望退職が多く出たことから、職員が足りなくなり坂本は再雇用となった。２度目の解雇は、2005年の農協合併時である。事実上の吸収合併であったことで55歳を過ぎていた坂本と他１名は雇用されなかった。翌年、役場の嘱託職員として、放牧酪農の推進と新規就農誘致の担当として採用された。

開協で集約放牧事業の話が出てきたのは1997年、坂本が企画部長の時であった。積極的に引き受ける職員がいなかったことから坂本が引き受けることになった。その後、吉川から始まる新規就農者の受け入れに対して、「開協としての新規就農の受け入れの大方針はなかった」が、今度も坂本が担当することになった。足寄町における集約放牧事業の導入、その後の新規就農の受け入れは坂本、榊原抜きには成功し得なかった。２人が歩いた20年間の人生が、町農業を大きく変えることになった。

新規就農者は傾斜の多い旧開拓農協地区に

2001年以降の二つの旧農協における酪農（搾乳農家）中止による離農と経

表 1-1　足寄町における離農と新規就農の動向

（戸）

	旧開拓農協			旧農協			搾乳農家戸数
	離農	経営転換	新規	離農	経営転換	新規	
2001（H13）	2		2	1			110
2002（H14）				2			109
2003（H15）						1	109
2004（H16）	2		2	2	3	1	108
2005（H17）	4				1		103
2006（H18）	1						102
2007（H19）				2	1		100
2008（H20）				1			99
2009（H21）	2		2		1		98
2010（H22）	1	1	1		1		96
2011（H23）		1	1	1			96
2012（H24）	3		1		1		94
2013（H25）	3		1	1			92
2014（H26）							90
2015（H27）		4	1	1			89
2016（H28）	3		2				85
2017（H29）							84
合計	21	6	13	11	8	2	

注：坂本秀文氏からの聞き取りによる。
2001 年（平成 13）の搾乳農家 110 戸（旧開協 52 戸、旧農協 58 戸）からの異動である。

営転換の農家数と新規就農農家数の推移を坂本の記録と記憶により作成したのが**表1-1**である。「経営転換」は、搾乳中止後の肉牛経営や牧草販売経営への転換である。

二つの農協間で大きな違いがある。16年間の離農数は、旧開協が21戸、旧農協が11戸と旧開協が多い。しかし、新規就農は旧開協が13戸に対し旧農協は２戸と対照的である。この違いについて坂本は、「旧開協地区は戦後開拓で土地に対するしがらみがなかった。また、旧農協地区では明治からの開拓で経営が安定していたものの、戦後開拓農家は苦労が多かったことから後継者が育たなかったことが主な要因である」と分析している。

また、旧農協地区では１戸当たりの経営耕地面積が狭かったことから、離農が出た場合には近隣農家が分割して取得する一方、旧開協地区では離農地の面積が広かったものの傾斜地が多かったことから「分割よりも新規就農のほうが通り易かった」と坂本は考えている。もちろん地区の事情や離農者の考え（住宅、牛舎の評価）などもあった。

さらに、近年の新規就農第１号の吉川の事例が地区に大きな影響を与えたと坂本は見ている。「約100ha近かった農地が新規就農者に一括して売却できることが地区に理解された」からである。

そして何よりも重要な点は、関係者の存在で坂本や榊原の働きは大きかった。坂本は新規就農の受け入れについて、「農地は次世代につなぐものである。その点、新規就農は大きな役割を果たしている」、という考えが足寄町酪農をよみがえらせた基本的理念になったと言えよう。

新規就農が小学校を復活させる

中山間地域に存在する自治体の多くが過疎化に苦しむ。過疎化によって公共施設やインフラが弱体化するからである。その代表的な施設が学校である。足寄町には市街地の小学校のほかに、「へき地小学校」が３校ある。廃校寸前であった芽登（めとう）小学校は、旧開協地区での新規就農者の増加によって復活した。08年度にはわずか８人の生徒しかいなかった芽登小学校の児童数は、18年度には23人になっている。**図1-2**をみるように大誉地（おおよち）小学校、螺湾（らわん）小学校を上回る児童数になっている。

足寄町における新規就農の動きは、十勝管内の農家数（販売農家での単一経営と準単一複合経営の合計）の推移にも反映している。2000年と15年を比べた農家数（残存率）を見たのが**表1-2**である。農家数が30戸以下の比較的少ない中札内村、池田町の85%を除き、

図 1-2　足寄町へきち小学校の児童数推移

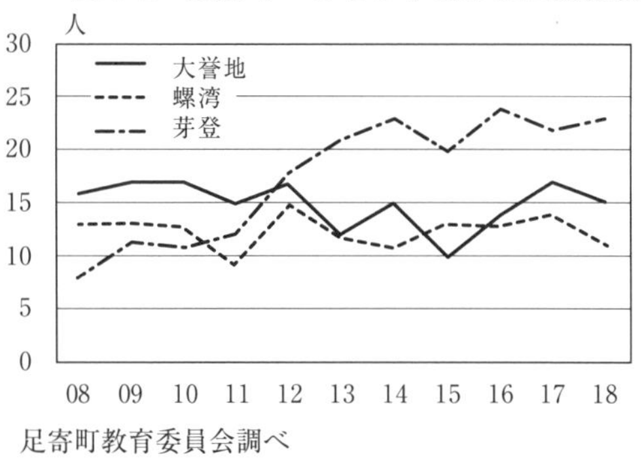

足寄町教育委員会調べ

表 1-2　十勝地域町村の酪農家数の推移

（戸）

	2000	2005	2010	2015	2015/2000
音更	91	77	64	63	69%
士幌	96	87	84	73	76%
上士幌	102	81	67	63	62%
鹿追	127	123	110	90	71%
新得	58	55	41	34	59%
清水	151	142	124	112	74%
芽室	58	53	48	42	72%
中札内	26	29	23	22	85%
更別	64	59	53	46	72%
大樹	160	146	118	87	54%
広尾	105	103	98	81	77%
幕別	146	130	107	87	60%
池田	34	32	30	29	85%
豊頃	79	71	60	49	62%
本別	111	105	98	73	66%
足寄	**113**	**110**	**97**	**88**	**78%**
陸別	81	73	59	52	64%
浦幌	88	68	61	46	52%
平均	94	86	75	63	67%

資料：各年次「農林業センサス」の単一経営+準単一複合経営の数値
注：2000 年に複合経営の数が多かった帯広市は除外した。

農家数が50戸以上の比較的多い地区の中では、足寄町は78％と最も高い比率で、十勝地域全体の平均67％を大きく上回る。これは、足寄町における新規就農が農家数の減少に歯止めをかけているためである。もちろん、法人化によって農家数が減少している地区もある。

今後、いかに新規就農を受け入れ酪農家数を維持するかが、酪農の発展と地域の発展につながるポイントになろう。足寄町での集約放牧事業の成功と新規就農の多くの受け入れは、これからの北海道農業さらには日本農業の将来を照らす上で、有効な事例になるであろう。

第２節　酪農家７戸の夫婦で集約放牧モデル事業に取り組む

NZ視察で足寄町の集約放牧に確信

足寄町芽登の酪農家、佐藤智好（さとうちよし）がニュージーランド（NZ）を視察したのは1996年２月のことであった。佐藤は、高泌乳牛酪農の経営に行き詰まり、自らの経営の将来方向を模索していた。そこで、妻のさくらに頼み込み、１週間の時間をもらった。厳寒期の１週間居なくなるのはさくらにとっては負担であった。搾乳などの畜舎作業の他に、大雪が降った場合の除雪が大変だったからだ。農作業は酪農ヘルパーが確保できたが、渡航費用が必要であった。負債を抱えていたため、足寄町開拓農協（以下開協）に借金はしづらかったが、NZに行く決意は固く、開協の総務部長であった榊原武義に頼み込んだ。榊原は「経営改善ができるのであれば」と理解を示し50万円を貸してくれた。

全ての条件が整って、佐藤はNZに渡った。NZ酪農の中心地、ワイカトの草地に広がる牛群を見て「この風景は俺ん家の風景と変わらないぞ」と、NZの放牧酪農は足寄町でもできることに確信を深めた。

集約放牧酪農の先駆者と出会い決意

佐藤がNZを目指したきっかけは道北、浜頓別町の池田邦雄（のちに天皇杯を受賞）との出会いであった。池田は、すでに10年前にNZに行っており、帰国後、集約放牧酪農を宗谷管内ではただ一人実践していた。池田は、以前アメリカ酪農を推進する普及員の指導のもと、配合飼料の多給与技術を実践し、乳牛１頭当たり平均乳量は同管内ではトップクラスであった。しかし、牛の疾病が多発し牧草は余っていた。おまけにクミカン（組合員勘定）は赤字であった。池田は、こうした酪農はおかしいと思い、NZの集約放牧に転換したのだった。

そして、佐藤の経営も以前の池田と同じ状態にあった。カルシウムなどを販売する帯広市の会社の社長から、「道北の放牧酪農家でうまくいっている人がいる」という話を聞き、近所の酪農家、黒田正義、天木元也と一緒に池田を訪ねた。池田から聞く放牧の話は、それまでの放牧のイメージとまったく違っていた。「毎日牧区を変えるワンデーグレージーングという輪換放牧」であった。池田からは、「本場を見れば納得できる。直接、肌で感じなければだめだ」とNZ行きを勧められた。また、「放牧をやるからには周りからのプレッシャーがあるから覚悟を決めなければ」とも言われた。こうして佐藤はNZ訪問を決意した。

女性も参加する放牧酪農研究会を立ち上げ

佐藤は帰国すると、直ぐに研究会の立ち上げに着手した。組織を作った理由は、NZ視察で一緒だった道庁の元農政部長（当時北海道畜産会副会長）であった出葉良彦のアドバイスによるものであった。「一人でやるのは冒険だ。グループでやったほうが良い。まとまれば組織のトップも話を聞いてくれる」というアドバイスからであった。

佐藤は研究会のメンバーを募るのに際し、開協に所属し近所であること、経営は厳しいが前向きに仕事をしている人(もちろん経営の良好な人もいた)、率直に意見を交換できることなどを条件とした。中には、声を掛けたが「自分で勝手にやる」と断られた人もいた。こうして、７組の夫婦で研究会を結成することになった。メンバーの多くは、小中学校のPTAで顔なじみであ

表1-3　足寄町放牧酪農研究会会員の状況（1996年4月）

	役職	氏名		地区	草地面積 (ha)	乳牛頭数 (頭)
		世帯主	妻			
1		本間　隆	恵美子	栄	50	110
2	会長	佐藤智好	さくら	上芽登	70	95
3	会計	本間正喜	あつこ	花輪	40	80
4		村山昭雄	裕子	柏倉	60	80
5	副会長	黒田正義	節子	柏倉	37	88
6		佐藤敏明	一二三	五十鈴	30	88
7		柴田哲夫	静江	東芽登	24	67

った。

なお、表では夫婦になっているが、当初は男性のみの研究会が計画されたようである。夫婦参加になった事情を黒田正義の妻節子は、次のように記している。

「会長は当初、この会は男性諸氏だけの会で、女性陣を入れる気はなかったそうだ。では何故？　例えば、主人が何か講演を聞きに行く。私は、その内容をしつこく聞きたがる。話ベタの彼は、妻に説明するのが面倒なのである。そこで考えた結論は、「一緒に連れて行く」。かくして私は晴れて、主人の同行者になる。それを聞いた会長夫人が、一人だけでは寂しかろうと、ある婦人（元気の良い人）を誘った。そして、この３人はその後の会合の常連となり、それなりの発言をし、ついには会の規約に、７組の夫婦の名が並ぶことになったのである。」（黒田節子「牧場の花便りNo.23「ザ!!　変身」」）

事業の受け入れは簡単ではなかった

研究会を実践的な形にしたのは、1997年度から始まった集約放牧技術実践モデル事業（97-99年度、事業費4,600万円、補助率47.6％）であった。この事業の特徴は、牧柵や給水施設、牧道の設置などのハード事業のほかにソフト事業が約100万円ついたことだ。そのおかげで、学習会や先進地視察が行われ、会員の意識や知識の向上につながり、また会員間の結束力が強くなった。

この事業を持ってきたのが、当時、町役場の農業活性化対策室の統括係長であった櫻井光雄（現（一社）びびっどコラボレーション代表理事）であった。農業活性化対策室は、1995年４月に町長となった香川博彦の選挙公約であった。香川は2013年３月まで２期８年に亘り町長を務め、櫻井は香川から「町農業の生き残り策を作れ」という命令を受けて農政係から対策室に移ってきていた。

櫻井は1996年７月に道庁を訪問した際、農政部職員から国の放牧事業を紹介された。それが集約放牧技術実践モデル事業で、たまたま町役場を訪れた佐藤は、櫻井から放牧事業のことを知り、研究会に持ち帰ってメンバーの了解を得て事業に取り組むことになった。しかし、研究会自体は事業主体にはなれなかった。そこで、櫻井は事業計画を持って開協に行ったが、「放牧は昔やっていた。それがダメで今の形になった。昔に戻すのか」と誰も引き受けようとしなかった。そばで聞いていた当時企画部長であった坂本秀文は、「お前がそこまで言うのだったら、俺がやってやる」と事務担当を引き受けることになった。

しかし、まだ乗り越えなければならない壁があった。農業委員会からクレームがついた。「町の酪農家皆に呼びかけたのか。役場は事業の公募をするのが慣例だろう」という建前論が出てきた。これに対して櫻井は、「受け皿（担い手農家）がないのに、役場が生産者に呼びかけても成功したためしはない。研究会は、自分達が自己責任でこういう農業をやると言っている。生産者自ら考え主体的に成功している事例を積み重ねていくことが、足寄農業の生き残り策ではないか」「放牧酪農は技術が確立されておらずリスクを伴う事業であり、まずは担い手として組織化されている研究会に協力いただき先行実施すること、その結果を実証展示し、冬季間の問題なども含めて検証し、将来的に公募できるか検討したい」と言って農業委員会を説得した。

放牧研究会への新たな障害

放牧事業の実施体制ができ、佐藤は、町長をはじめ、農業改良普及センター、開協、旧農協に挨拶に回った。櫻井も同行したが、「その時の佐藤は研究会を潰さないでくれという控えめな要望」であった。しかし、そうした中で問題が起きた。農業改良普及センターの普及員の１人が佐藤のところに来て、「放牧は難しい。高泌乳牛酪農のほうが地域活性化になるのではないか」と否定的な発言を行った。この普及員は、十勝酪農の主流であったアメリカの輸入穀物を多給する高泌乳牛酪農の指導者でもあった。当時は、アメリカ穀物協会の招きで全国の多くの農業改良普及員がアメリカで研修を受け、アメリカ型酪農の推進の原動力になっていた。佐藤は、「当時はアメリカの言うことが正しいのだという風潮があった」と感じていた。しかし、「酪農家自ら考えなければまずいだろう。地域に適した方法があるはずだ」と思っていた。

町の生き残り策に苦慮していた櫻井は、「道の指導機関が潰しに回るとは何事か。足寄のような山坂のあるところで、平地と同じようにデントコーンを作ってもだめだ。地域の要望に応えるのが普及センターの役目ではないか」と憤慨した。そこで、普及センター所長は、放牧酪農研究会の新たな担当者に安達稔（現、余市町在住）を据えた。安達は研究会を通して牛の飼養管理、経営指導に当たった。

不安を抱えながらの研究会のスタート

こうして足寄町放牧酪農研究会の活動体制が整い、櫻井は道庁への申請の足で北海道農業試験場（現農研機構北海道農業研究センター）に向かった。当時、日本における放牧酪農の第一人者であった落合一彦（現、栃木県大田原市在）の技術指導を仰ぐためであった。落合は二つ返事で快諾し、直ぐに足寄町を訪れた（**写真**）。会のメンバーで多額の負債で苦しんでいた村山昭雄の牧場を訪れた。落合は、「良い草地だ」と褒めたくれたことに、村山は驚いた。20年以上も草地更新を行っていなかったことから、普及センターからは強く指導されていたからである。そうした中での研究会のスタートを黒田節子は次のように記している。

落合一彦（中央）を囲んだ学習会がスタート
（1997.4.16）（提供：坂本秀文）

「放牧を経営のなかに取り入れたい仲間が７戸集まりました。借金を返したい人、ゆとりが欲しい人、高泌乳志向に疑問を持ち始めた人など目的はそれぞれです。「何を今更放牧など。」と周囲からは冷ややかな目でも見られました。でも、平均年齢40歳半ばの私たちには、これが最後のチャンスかも知れないと言う思いがありました。

放牧を取り入れたからといって、必ずしも経営が好転するという確信なども無く、とにかくやってみようという想いだけでした。１人の目で見るよりも２人の方が、また男性の見る観点と女性の見るそれは違うはずと、ましてや、農家経営は夫婦２人が共同して進めていくはずのものという考えから、『できるだけ二人で参加することを心掛けよう』というのがみんなの合言葉になりました」（黒田節子「私たちの忘れ物」）

放牧酪農事業を持ってきた櫻井は、「本当にうまくいくだろうか、直ぐに良い結果はでないだろう」と内心不安で一杯だった。こうして研究会の事業が始まった。

第３節　ソフト事業による研究会活動が成功に導く

集約放牧モデル事業の取り組み

国の集約放牧酪農技術実践モデル事業は、1997年度４月からスタートした。事業費4,600万円（補助率47.6％）で、事業内容は**表1-4**にみるように、放牧地の造成２戸、7.6ha、放牧地整備29ha、牧道整備2,227m、牧柵整備18,860m、給水施設整備（水道管および水槽の設置）3,080mである。この中で、No.3の本間隆（故人）は放牧地の整備しか行っていない。その理由は次のような事情による。

表 1-4　集約放牧酪農技術実践モデル事業

	1	2	3	4	5	6	7	計
放牧地造成（ha）				4.1	3.5			7.6
放牧地整備（ha）	10		1.5	1	7.5		9	29
牧道整備（m）		890		385	210	400	342	2,227
牧柵整備（m）		6,600	3,700	3,600	1,660	1,000	2,300	18,860
給水施設（m）		1,200	300			480	1,100	3,080

資料：須藤純一「足寄町放牧酪農研究会の取組み」『畜産会経営情報』2000 年１月

当時本間は、高泌乳牛酪農を実践し１日１頭当たり12kgの配合飼料を給与することで個体乳量（経産牛１頭当たり年間の乳量）は9,200～9,300kgに達し「十勝50傑」にリストアップされるまでになっていた。

しかし、牛の疾病が多発し、獣医を毎日のように呼んでいたことから、牧草収穫期には獣医の往診対応と競合するようになっていた。高泌乳牛酪農に疑問を持つようになっていた時に、三友盛行のマイペース酪農の講演を聞き「酪農の原点に立ち返って見直すことが大事である」という話に魅かれた。そこで、本間は配合飼料を８kgに減らし個体乳量も8,000kgに落としたところ牛の疾病は減少した。丁度その時、放牧酪農研究会会長の佐藤から集約放牧事業への参加の誘いがあり、本間は事業への参加を決めていた。ところが、本間は当時、開協の監事の任にあったため、放牧による配合飼料減を懸念する開協幹部から「何を考えているのだ」と強く反対され、泣く泣く事業から降りざるを得なかった（荒木和秋「日本酪農を変革する足寄町酪農」『農村と都市をむすぶ』No.603、2001年11月）。

しかし、本間の集約放牧への転換の意思は固く自分で工事を行うことにした。まず、火山灰を50万円で購入し1,000mの牧道を作った。パドックも砂利や火山灰を入れて排水を良くした。電気牧柵は150万円で整備、給水施設も水槽40万円、水道46万円、パイプ５万円の計91万円で整備し、全て自己資金で賄った。それにより1998年から他の研究会会員に遅れることなく集約放牧への転換を図ることができた。

当時、放牧に対する否定的な姿勢は開協に限ったことではない。酪農地帯の農協にとって、アメリカからの輸入穀物を使った高泌乳牛酪農は、配合飼料と生乳の取り扱いに伴う販売手数料収入（生乳2.5％、配合飼料５％）が急増して莫大な利益をもたらした。そのため、配合飼料を減らす放牧方式は農協の利益を脅かす経営方式として敬遠されたのである。

ソフト事業が事業の成功を導いた

この集約放牧モデル事業の特徴は、ソフト事業も活用できたことに特徴がある。事業がスタートした1997年４月から、活発な研究会の活動が開始された。ほぼ月１回のペースで様々な取り組みが行われた。事務局を担当した開協の企画部長であった坂本秀文が研究会の農家に連絡を取り、機会あるごとにメンバーの家々に顔を出して研究会への

学習会で落合一彦（前列中央白帽）と安達稔（左隣）を囲み牛乳で乾杯（提供：坂本秀文）

表 1-5　足寄町放牧酪農研究会の活動内容

	平成 9（1997）年度	平成 10（1998）年度	平成 11（1999）年度
学習会	4/16 落合、4/25、6/13、7/25 安達、7/31、10/7 安達、1/22 須藤、古川研治、2/4 安達、2/16、17 落合	7/9、9/22 落合、11/3、1/25 荒木、3/17	8/24、1/14、2/10
先進地視察	5/15 津別町、9/1 忠類村・大樹町、3/14-15 別海町、中標津町	8/1 清水町、10/17-18 浜頓別、興部	11/9 清水町
巡回指導	8/1 落合	6/13	
経営診断	8/26-28、9/2-3、10/20-21、10/28-29、1/22（須藤、鎌田、門脇）	1/26-28、2/17-18 3/2-3（須藤、橋立）	
フィールド研修会	9/20 津別町 11/27-29 グラスファーミングスクール		6/17 三友、8/19、9/30 三友
サンプリング	6/16、6/25、10/6、10/20	10/6、10/20	
生乳加工研修		8/3-5 士幌町	
交流会・懇談会		5/10 別海町マイペース 9/2 香川町長	8/24 八雲町 G、9/10 忠類村 G 11/8 山地酪農
公開講座・講演会	11/30 足寄町（佐藤智好、エリック川辺）		6/18 三友、11/5 士幌町
シンポジウム発表		3/27 黒田節子	2/1 黒田節子
異業種交流		10/14 六花亭	
取材			8/23 道新、農業新聞 10/3NHK 釧路、1/8 デーリィマン
外来視察		9/4 美幌農高	6/4 十勝南部放牧研究会 6/7JA 鹿追、7/14 菓子業者 7/21 高島酪農振興会 8/23 北海道農業会議 8/24 八雲町放牧研究会 9/2 北海道家畜管理研究会 9/10 畜大別科 12/2JA 標茶町他

資料：研究会議事録（坂本秀文）から作成

参加を促した。そうしたこともあって研究会にはほとんどが夫婦同伴で参加した。ソフト事業の実績は**表1-5**に示したが、学習会、先進地視察、経営診断のほか、公開講座・講演会、交流会が活発に行われた。

初年度の学習会の講師は、北海道農業試験場の落合一彦、十勝東北部地区農業改良普及センターの安達稔が放牧技術や経営分析の指導に当たった（**写真**）。

この時の様子を放牧研究会の一員であった黒田節子は会の様子を次のよう

に語っている。

「例会を重ねるうちに、婦人達の参加も順次増え始め、発言も多くなりました。とりわけ痛快なのは、七人の侍を前にして普段思ってはいてもなかなか口に出して言えない我が亭主への不満やら諸々を、声を大にして言える事であり、そしてありがたくもその意見に同調してくれる男性の一人や二人がいる事です。そうです、婦人達の意見の中にこそ真実がある事もあるのです。・・・中略・・・こんな風に、早い時期からお互いに打ち解けあえる雰囲気になれた事が、本当にこの会の今後の存続にも良い結果をもたらしたのだと思います。」（黒田節子「生き生き輝け！農村女性達　北の大地は夢みる大地（？）③」『北方農業』北海道農業会議、1999年12月）

研究会への毎月の参加は、これまで孤立状態にあった女性達の意識を目覚めさせ、日々の営農への参加を積極的にした。研究会の活動を通して仲間意識が醸成し酪農経営への取り組みへの真剣さが増していった。講師であった安達稔は、次のように記している。

「放牧研究会は、グループ活動により仲間の結びつきが強まり、日常的にも情報交換を良くするなど、お互いに支え合う姿勢が生まれてきた。こうして、行き詰った場面を何度となく乗り越えてきた。また、仲間同士が少しの成果も評価し合い、小さな失敗も軽視せず解決し合う姿勢が、牛に対して観察力を鋭くしてきたように思われる。そのため、牛が何を欲しがっているのか、その対応に的確性が増してきたように思う。さらに、研究会の活動を通して、いろんな人々との出会いが新たな展開を広げるなど、楽しく、勇気づけられているようだ。」（安達稔「夫婦ではぐくむ放牧酪農研究会の歩み」『酪農ジャーナル』1999年７月）

経営収支と負債額も公表

放牧酪農研究会では、経営診断も実施した。坂本は、すでに集約放牧酪農の有効性を理解していた北海道酪農畜産協会の須藤純一（現須藤畜産技術士事務所、畜産経営コンサルタント）に相談し、研究会の７戸も同意して経営分析が行われることになった。97年10月には同協会の鎌田哲郎、門脇充、橋立賢一郎も加わって綿密な経営調査が行われ、翌年１月には診断結果を踏まえて経営指導が行われた。診断結果は７戸の経営収支はもちろん負債額も公表された。坂本は当時を振り返って、「メンバーの中には最初は負債額を出すことを嫌がった人もいた」が、須藤の「負債も包み隠さず明らかにしたい」との要望で研究会の中で公表することになった。これまでお互いの負債額など知る事はなかったからメンバーは経営収支と負債額を見てみんな驚いた。３戸は5,000万円前後の負債があったが、４戸はほとんどなかった。最も驚いたのは会長の佐藤であった。「それまで皆1,500万円から2,000万円の借金は抱えているものと思っていたが、４戸はなかったことにショックだった。どうしてないのだとがくぜんとした」と佐藤の経営改善の強い動機になった。

集約放牧の効果が表れ訪問者が続出

1997年から始まった集約放牧モデル事業は、早くも翌年の98年には成果が表れてきた。**図1-3**に見るように研究会７戸の平均の農業収入は2,995万円から3,032万円とわずかに37万円しか増えなかったものの、農業経費（減価償却費は含まない）は1,952万円から1,754万円へと198万円減少し、その結果、営業利益（ほぼ農業所得に匹敵）は、1,043万円から1,278万円と235万円増加した。99年もこの傾向が続き営業利益は1,200万円台が確保された。

こうした集約放牧モデル事業の成果は、北海道新聞、日本農業新聞、NHKなどマスコミで取り上げられた（NHK北海道スペシャル「酪農　新時代」1999年10月）。さらに大学の研究の対象にもなった。

そのことで、事業の最終年の99年には酪農家グループ、農協、大学生、学

図1-3　足寄町放牧酪農研究会7戸の営農収支（平均）の推移

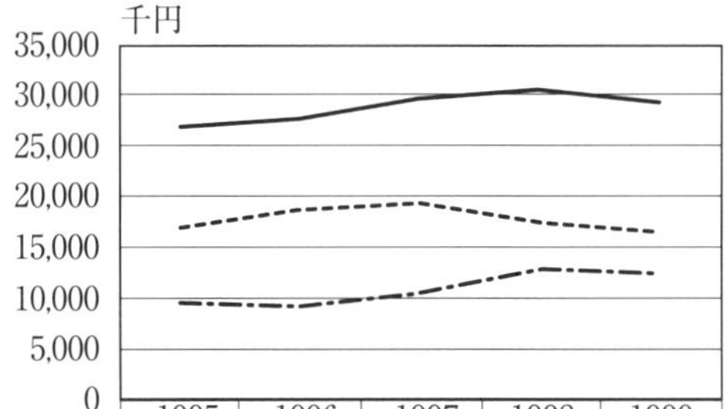

	1995	1996	1997	1998	1999
― 農業収入	27,021	27,823	29,952	30,324	29,272
--- 農業経費	17,198	18,719	19,520	17,541	16,711
-･ 営業利益	9,823	9,104	10,431	12,783	12,560

（単位：千円）

資料：足寄町開拓農協

術研究会、行政機関など多くの団体が放牧酪農研究会を訪れ、この年だけで19団体、400人を超えた。

第4節　3年で大きな成果―集約放牧モデル事業―

電牧の導入で昼夜放牧が可能に

集約放牧モデル事業を契機に7戸の放牧形態は大きく変化した。集約放牧の技術的特徴は、輪換放牧による短草利用である。そのため、乳牛の動きを電気牧柵（電牧）や牧道によってコントロールする必要がある。また、各牧区には水飲み場（水槽）も設置された。**表1-6**に見るように7戸は以前から放牧を行っていたものの、それまでは午前中か昼間の時間放牧であった。いち早く集約放牧への転換を決めた会長の佐藤智好（No.2）は1995年から昼夜放牧の試験を開始し、その効果が他の農家にも認識されていたことから、事業を機に他の農家も昼夜放牧へ移行していった。これによって草地の利用率が向上した。

昼夜放牧への移行を可能にしたのは電気牧柵の導入である。村山昭雄（No.4）は、「昔はバラ線を張っていたが、脱牧が怖かった。また、年間2頭ほどがバラ線によって乳房を損傷していたため夜の放牧は出来なかった。そ

表1-6　放牧研究会メンバーの放牧形態とトウモロコシ栽培の推移

技術項目	農家	1991	1992	1993	1994	1995	1996	1997	1998	1999
放牧形態	1	午前中 →	→	→	→	→	→	→	昼夜 →	→
	2	午前中 →	→	→	→	昼夜 →	→	→	→	→
	3	日中 →	→	→	→	→	昼夜 →	→	→	→
	4	日中 →	→	→	→	→	→	→	昼夜 →	→
	5	混牧林で日中 →	→	→	→	→	→	昼夜 →	→	→
	6	午前中 →	→	→	→	→	日中 →	→	昼夜 →	→
	7	パドック（1 ha）で午前中 →	→	→	→	→	昼夜 →	→	→	→
トウモロコシ栽培	2	×								
	3	→	→	→	→	×				
	5	→	→	→	→	→	×			
	7	→	→	→	→	→	→	→	→	×

資料：荒木「日本酪農を変革する足寄町酪農」

れを電牧が解決した。昼夜放牧を行うことで食べる量が増えた」と電牧のメリットを評価している。

また、各牧区に設置された水槽も効果を発揮した。本間隆（故人、No.1）は、「集約放牧を始める前は、６haの草地に朝の８時30分から11時まで放牧を行っていたが、搾乳後に放牧しても、水が飲みたくなって直ぐに帰ってきた」が、各牧区に水槽を設置することで戻ってくることがなくなった（荒木和秋「日本酪農を変革する足寄町酪農」『農村と都市をむすぶ』No.603、農村と都市をむすぶ編集部、2001）。

集約放牧から大牧区放牧転換も

昼夜放牧は、**表1-7**に見るように５月中旬から10月下旬の間に行われ、その前後の４月下旬以降および11月中旬以降は日中放牧である。放牧草が伸長する７～８月にかけて放牧地は細かく区切られ、佐藤智好（No.2）は最も多く23牧区を設定している。細かく区切った放牧地に１日か半日毎に牛の移動が行われるのである。しかし、放牧研究会の全ての農家が集約放牧を継続的に実践していたわけではなかった。黒田正義（No.5）は事業導入当初は８牧区に分けて放牧を行っていたものの、元の土地条件がとうもろこし畑であったり、河川敷だったりしたため肥沃度が異なっていた。そのため牧区による牧草の栄養価にばらつきが生じることで乳量の変動が生じたことから、「牛の胃袋を均一にするため」（黒田）、2000年以降１牧区として定置放牧に転換

表1-7　放牧研究会の放牧内容

	昼日中放牧	夜放牧	日中放牧	最大牧区数	滞在日数
1	5中 ──→	5下 ──→ 9下 ──→	11上	17牧区（8月）	1日
2	5上 ──→	5中 ──→ 10下 ──→	11中	23牧区（8月）	1日
3	4下 ──→	5下 ──→ 10下 ──→	11中	16牧区	1日
4	4下 ──→	5下 ──→ 10中 ──→	11中	5牧区	5日
5	4下 ──→	5下 ──→ 11中		1牧区	
6	4中 ──→	5上 ──→ 10上 ──→	10下	16牧区	半日
7	5上 ──→	5中 ──→ 10中 ──→	11上	10牧区（7月）	1日

資料：表1-6と同じ

している。

また、土地利用の変化で見られるのは**表1-6**のようにとうもろこし栽培の中止である。No.6はすでに1985年に中止し、他の農家も90年代で中止している。その理由は、高冷地であることから積算温度が少なく子実が熟さなかったことと野生動物の被害からであった。

集約放牧により所得増大

集約放牧モデル事業の成果をみたのが**表1-8**である。事業が始まった97年と事業が終わった次の年の2000年の数値の変化を見た。まず出荷乳量は全ての農家で減少したものの、うち４戸の減少量は5～21トンと比較的少なく、最も多かったのはNo.1の56トンであった。次に出荷乳量の構成要素の一つである経産牛頭数の変化は少なくプラス、マイナス４頭以内であったが、他の要素である経産牛１頭当たり乳量は、１戸を除き全て減少した。1997年の乳量水準は、8,000kg台が１戸、7,000kg台が３戸、6,000kg台が３戸であったが、

表1-8　集約放牧転換による産出および経営成果の変化

（万円）

			1	2	3	4	5	6	7
物的数値	年間出荷乳量	1997	518	424	359	336	248	343	230
		2000	462	409	338	322	243	306	195
		00－'97	▼56	▼15	▼21	▼14	▼5	▼37	▼35
	経産牛頭数	1997	70	51	54	50	40	43	31
		2000	66	55	50	49	43	40	33
		00－'97	▼4	△4	▼4	▼1	△3	▼3	△2
	経産牛１頭当乳量	1997	7397	8310	6,649	6719	6210	7975	7408
		2000	7051	7498	6,835	6562	5721	7640	6010
		00－'97	▼346	▼812	△186	▼157	▼489	▼335	▼1,398
経済数値	乳代	1997	3,700	3,102	2,524	2,375	1,756	2,471	1,662
		2000	3250	2968	2,355	2259	1705	2178	1354
		00－'97	▼450	▼134	▼169	▼116	▼51	▼293	▼308
	配合飼料費	1997	1011	821	748	693	306	634	441
		2000	511	595	585	497	226	311	181
		00－'97	▼500	▼226	▼164	▼196	▼80	▼323	▼259
	乳代－配合飼料費	1997	2688	2281	1,776	1682	1450	1837	1221
		2000	2738	2373	1,771	1762	1479	1867	1173
		00－'97	△50	△92	▼5	△80	△29	△30	▼48

資料：足寄町開拓農協

表 1-9　経営収支の変化

（万円）

		1	2	3	4	5	6	7	平均
農業粗収入	1996 年	3,919	3,448	2,173	2,740	2,113	2,900	2,183	2,782
	1999 年	4,519	4,018	2,805	2,768	2,077	2,561	1,742	2,927
	99-'96	△600	△570	△632	△28	▼36	▼339	▼441	△145
農業経費	1996 年	2,669	2,548	1,495	1,982	1,311	1,700	1,398	1,872
	1999 年	2,535	2,293	1,618	1,813	1,045	1.404	990	1,671
	99-'96	▼134	▼255	△123	▼169	▼266	▼296	▼408	▼201
営業利益	1996 年	1,250	900	678	758	802	1,200	784	910
	1999 年	1,984	1,725	1,187	955	1,033	1,157	752	1,256
	99-'96	△743	△825	△509	△197	△231	▼43	▼32	△346

資料：足寄町開拓農協

2000年には7,000kg台３戸、6,000kg台３戸、5,000kg台１戸となり平均で約500kgの減少となっている。出荷乳量の減少はもっぱら個体乳量の減少によるものであった。

これらにより経済数値も同様な影響が生じた。乳代では全ての農家で減少したものの、配合飼料費も全ての農家で減少したことから「乳代—配合飼料費」は５戸の農家で増加した。乳代以上に配合飼料費が減少したためである。

さらにクミカン（組合員勘定）から農業粗収入と農業経費（減価償却費は計上せず）および両者の差引を見たのが**表1-9**である。農業粗収入は４戸の農家で増加し、営業利益は５戸で増加している。全ての農家で乳代は減少しているものの４戸で農業粗収入が増加した理由は、個体販売の増加にあるものと思われる。農業粗収入の増加と農業経費の減少は営業利益の増加をもたらし、１戸平均では346万円という高い数値になった。こうした顕著な成果は、「1997年から始めた集約放牧酪農モデル事業が、目覚ましい成果を上げている」とマスコミでも取り上げられた。その記事の中で当時、足寄町開拓農協畜産部長であった坂本秀文は「生産寿命が延びることで個体販売増など長期的なメリットもある」とコメントしている（「自然の恵み活用・集約放牧で成果」北海道新聞、1999年２月23日）。

負債と作業時間の減少をもたらす

営業利益の増加は負債を着実に減少させた。**図1-4**にみるように、もともと負債が少なかった3戸は2001年期首にはゼロとなり、負債の多かった農家も減少し始めた。それまで元利償還ができないB、C、D階層からA階層（元利償還可能）への転換が始まったのである。

図1-4　負債残高の変化

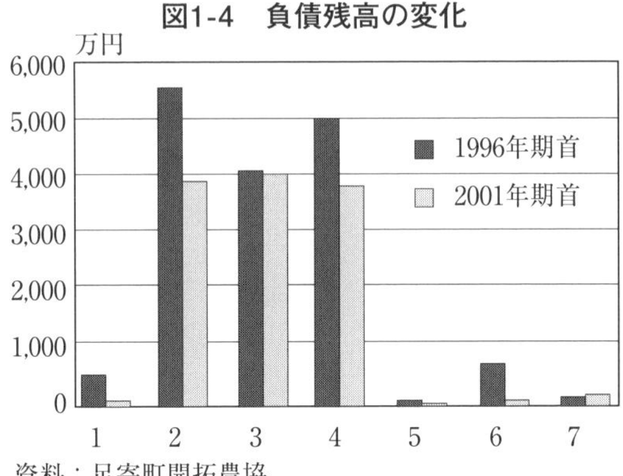

資料：足寄町開拓農協

さらに**図1-5**にみるように全ての農家で作業時間が減少した。北海道酪農畜産協会の須藤純一（当時）の分析によると、1996年から98年のわずか2年間で7戸平均では10％の減少であった。特にNo.5は30％も減少した（須藤純一「酪農「再興」への取り組み」『農』No.248、農政調査委員会、1999）。

こうした作業時間の減少は、「夫婦で外出できる等の余裕が生まれた。牛に対しても、牛の気持ちになって土や草を観察する姿勢が生まれた」と生活、

図1-5　集約放牧による作業時間の変化

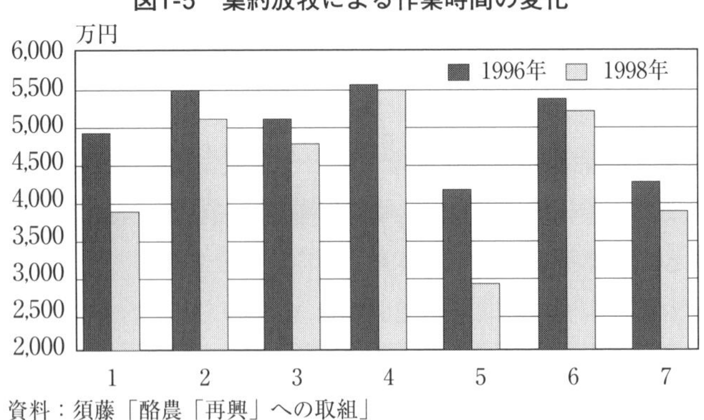

資料：須藤「酪農「再興」への取組」

営農両面で効果が生じた（武田紀子「新しい放牧酪農への取り組み」『畜産の情報』農畜産業振興機構、1999年２月）。

ホクレン夢大賞「優秀賞」受賞

2000年３月11日、足寄町の料理店でホクレン夢大賞「優秀賞」を受賞する報告会が開かれた。それに先立って札幌グランドホテルで開かれた第６回同賞の表彰式には会長の佐藤智好と副会長の黒田正義が臨んだ。新聞記事には「研究も実践もすべて夫婦同伴が基本で、重労働の厳しい酪農から、自然体のゆとりある酪農へ自分たちのフィールドをしっかり見据えた活動が高く評価された」と評された（「管内２団体が優秀賞」北海道新聞、2000年２月28日）。

報告会では、香川博彦町長、阿部正則足寄町開拓農協組合長、森繁寿東北部地区農業改良普及センター所長が挨拶を行った。あわせて、佐藤の中央畜産会全国優良畜産経営発表会「優良賞」の受賞のお祝いも兼ねていた。佐藤が二つの受賞経過を紹介し、会員の本間隆（故人）が祝杯の音頭を取った（**写真**）。

わずか３年間での画期的な成果がもたらされた「日本型放牧モデル経営実践対策事業」について、筆者は「酪農において国の補助事業がこれほど事業効果を発揮した事例は他にはないであろう」と評した（荒木和秋「介護酪農からゆとり酪農への転換」『農林統計調査』農林統計協会、2003年６月）。

こうして足寄町における放牧酪農への取り組みと成果は各界から注目を集めたが、そこに至るまでには個々の農家の多くの苦闘があった。

ホクレン夢大賞「優秀賞」受賞祝賀会で乾杯の音頭を取る本間隆（中央）。隣は会長の佐藤智好（提供：坂本秀文）（2000.3.25）

第5節　集約放牧で経営再建

畜舎・施設で負債増

2018年３月27日、札幌市内のホテルで開かれた第46回酪農経営発表大会に元足寄町開拓農協・元足寄町役場職員の坂本秀文の姿があった。佐藤智好の長男である伸哉（しんや）の発表に同行したのである。伸哉の発表は、NZ種雄牛の精液を使った放牧牛の改良、スマートフォンを使った繁殖管理など佐藤の経営を一層発展させるもので、経産牛75頭の規模で出荷乳量490トン、所得2,500万円を超える堂々とした成果の発表であった。発表を聞いていた坂本は現在の経営の基礎を築いた20年前の父智好の苦闘を感慨深く思い出していた（**写真**）。

佐藤は、足寄町戦後開拓２代目で、父親の辰治は山形県出身で茂喜登牛（もきとうし）に1946年に入植した。49年生まれの佐藤は稼業を継ぐため本別町にある農業講習所（現北海道立農業大学校）を卒業後、町内で半年、続いて江別市の町村農場で１年間実習し22歳で就農した。実習が縁で町村末吉（故人）が佐藤家を訪れた際に、「もう少し平らな場所に移転するのも一つの選択肢ではないか」とのアドバイスをもらった。当時の牧場は、面積も20haと少なく傾斜地であり、将来の経営の発展を考えてのことであった。

そこで、佐藤は75年に現在の上芽登の離農跡地60.2ha（農地45ha）を取得した。上芽登は49年以降、樺太引揚者や長野県出身者31戸が入植したが、99年には５戸に激減している（「写真が語る足寄町開拓星霜の半世紀」足寄町開拓農業協同組合、1999年11月）。それだけ自然条件の厳しい地区であった。佐藤は2,200万円で離農跡地を取得したが、77年に公社営事業で牛舎、サイロの建設、草地造成など3,500万円の投資を行い負債額が一気に膨れ上がった。

生産乳量増で行き詰まり

佐藤は、負債返済のため出荷乳量を増やす二つの手段を取った。一つは

10haのとうもろこし栽培であった。しかし、積算温度の不足で実が入らず、台風にもやられた。サイロも直径6.7mと大きかったことからサイレージが２次発酵（変敗）を起こした。佐藤は、「トウモロコシには向いていない」と見切りをつけ91年に栽培を中止し、ロールグラスサイレージの調製に転換した。

佐藤牧場の入口で。前列：智好（70）、真子（5）、伸哉（43）。後列:弘子（37）、さくら（66）（2020.4）（提供:佐藤伸哉）

もう一つの手段は配合飼料の増給による高泌乳牛路線であったが、乳房炎やケトージスが原因で死廃が増え、毎年の元利償還額が800万円を超え一部しか返せない状況に陥った。給餌労働などもきつく、「自分たちと牛の健康を考えた時にこれ以上の増産はあり得ない」と考えるようになったものの、「頭の中は混乱し方向転換はできなかった」と行き詰まっていった。転機になったのは、中標津町酪農家の三友盛行の「高泌乳牛酪農は乳飼比（購乳飼料費÷乳代）が高いから所得向上にはつながらない」という講演を聞いたことだ。放牧に関心を持つようになり、集約放牧を実践している浜頓別町池田邦雄を訪れた。そこで集約放牧に確信を深めNZ行きを決意する。佐藤は自ら３～５haの試験放牧を３年ほど行っていたが、NZから帰国後、経営改善を行うには「本格的に大面積で取り組まねば」と仲間を募り、集約放牧モデル事業に取り組んだ。

集約放牧で人も牛も健康に

佐藤は、事業前の96年までは採草地43.5ha、放牧地29ha、採草・放牧兼用地５haの草地利用を行っていた。放牧は１牧区３～10haの大牧区に滞牧日数も３～４日で午前中放牧する粗放放牧であった。97年の集約放牧モデル事業によって、牧柵（6.5km、450万円）、牧道（0.9km、714万円）、給水施設（1.2km、94万円）の合計1,258万円を半額補助で整備し、牧区を**図1-6**に見るように1haに小さく区切って20牧区とし、1日1牧区の輪換放牧として昼夜放牧を行うことにした。そのことで採草地28.5ha、放牧地29ha、兼用地20haの草地利用に変わった。

図1-6　佐藤牧場の輪換放牧地

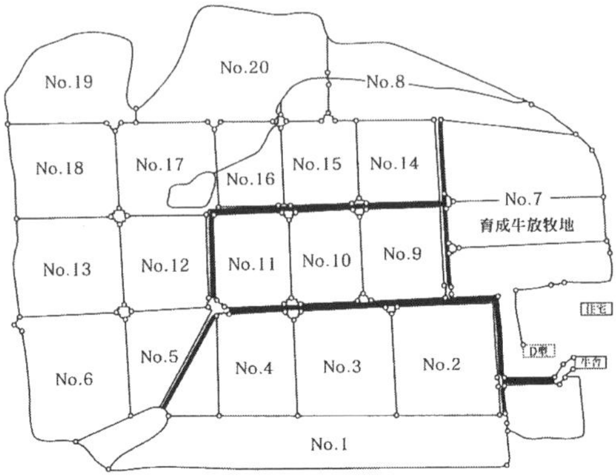

集約放牧の効果は作業内容、牛の健康、経営収支で顕著に現れた。作業面では、牧道を設置したことで、牛の追い込みが一人でできるようになった。また、乳房の汚れもなくなった。給餌回数は96年までの1日4回から97年には3回に、98年には2回になった。その結果、夏期の給餌時間は、1日105時間から55時間と半分近くに減った。サイレージの取り出しと給与作業が少なくなったことが大きい。そのほか、除糞作業も1日40分から20分に半減した。「舎飼期の1月で溜まっていた糞の量は放牧期の半年分に相当した」からである。

牛の健康面では、乳房炎、胃腸炎、ケトージスなどの病気や肢蹄の病気が少なくなり、牛の廃用も少なくなった。そのことで獣医の往診もほとんどなくなった。

酪農の常識を覆す費用減・粗収益増

牛が健康になったことで経営収支に成果が現れた。96年から2002年の7年間の経営の展開を北海道酪農畜産協会の経営診断の数値から整理した。まず、経営概況は**表1-10**にみるように両年次で、経産牛は50.6頭から57.9頭へ、経

表1-10　佐藤牧場の経営の展開

	1996	1997	1998	1999	2000	2001	2002
経産牛頭数（頭）	50.6	56.6	54	55.5	56	54.7	57.9
経営耕地面積（ha）	77.5	77.5	77.5	77.5	77.5	77.5	77.5
うち採草地（ha）	43.5	28.5	28.5	28.5	28.5	28.5	28.5
うち放牧地（ha）	29	29	29	29	29	29	29
うち兼用地（ha）	5	20	20	20	20	20	20
労働力（人）	2.1	2	2.1	2.5	2	2.3	2.3
労働時間（時間）	6,122	5,490	5,737	4,677	4,677	5,229	5,499
出荷乳量（トン）	421	425	433	465	412	417	452

資料：「診断助言書」北海道畜産会、「経営分析書」北海道酪農畜産協会

営耕地面積は77.5haで変化はなかったが、採草地が43.5haから28.5haに減少する一方、兼用地が5haから20haに増加した。労働力は99年に父辰治がリタイヤーする一方、2001年に長男伸哉がサブヘルパーに従事しながら加わり2.3人となった。この間、労働時間は6,122時間から5,499時間へと10%減少している。

図1-7　佐藤牧場の経営収支、所得の推移

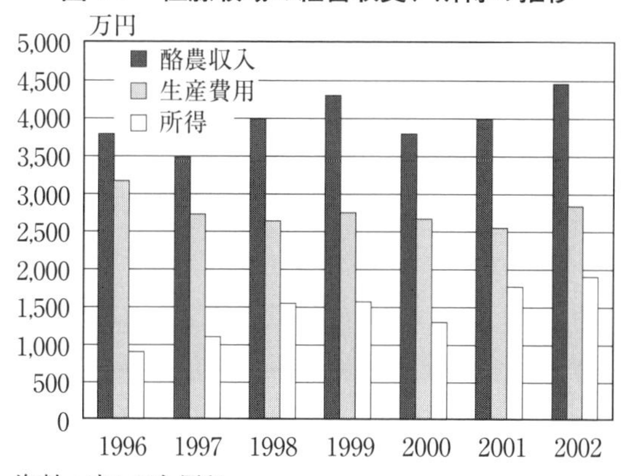

資料：表1-10と同じ

これにより出荷乳量は400トン台で推移し大幅な増大にはなっていないものの、農業所得は**図1-7**に見るように96年の888万円から2002年の1,902万円へと2.14倍に急増している。この間増額した1,014万円は収入増と経費減によるものである。酪農収入は3,787万円から4,452万円へと665万円増加し、事業費用（生産費用＋販売管理費）のうち生産費用が3,164万円から2,827万円へと337万円減少した。農業粗収益が増加するものの農業費用が減少するという、これまでの酪農経営の常識を覆す結果となった。

個体販売の増加と購入飼料費の大幅な減少

酪農収入の内訳をみると、生乳収入3,187万円と個体販売（育成・哺育、初生）261万円、その他であったものが、2002年には生乳収入3,448万円、個体販売640万円となり、生乳収入が261万円増、個体販売が379万円増と個体販売の貢献度が大きい。これは、1996年には育成牛０頭、哺育牛７頭、初生とく29頭であったが2002年は育成４頭、哺育７頭、初生とく32頭になり、育成牛のうち初妊牛が高く売れたからである。育成販売で余裕が出てきた背景には、平均産次が2.68産から3.74産に伸びたことにある。牛の寿命が延びたことで、後継牛に余裕ができ販売に振り向けられた。

一方、当期費用（当期費用に棚卸評価の調整を行ったものが生産費用）の変化を見たのが**表1-11**である。当期費用合計の減額551万円への貢献度をみると購入飼料費55％、自給飼料費36％、建物・施設21％、労働費17％などである。一方、租税公課はマイナス24％である。これは所得の増加に伴って租

表1-11　佐藤牧場における費用の変化

（万円）

費目		総額				コスト減効果
		1996	1999	2002	96-'02	
自給飼料費		865	837	666	-199	36
購入飼料費		952	699	650	-302	55
労働費		747	606	653	-94	17
敷料費				10	10	-2
診療衛生費		31	21	25	-6	1
種付費		70	82	61	-9	2
光熱水費		113	119	109	-4	1
燃料費		9	54	63	54	10
減価償却費	乳牛	262	298	226	-36	7
	建物・施設	143	115	27	-116	21
	機械	8	5	0	-8	1
	計	413	418	257	-156	28
賃料料金		78	64	82	4	-1
修繕費		36	14	0	-36	7
小農具費		11	1	1	-10	2
諸材料費		36	53	77	41	-7
租税公課諸負担		148	117	279	131	-24
資産処分損益		68	65	95	27	-5
当期費用合計		3,575	3,149	3,024	-551	100

資料：表1-10と同じ

税公課負担額が148万円から279万円に増加したことによる。自給飼料費の減少内訳は、表には示していないが機械減価償却費が160万円から61万円に減少したことが大きい。

牧草の栄養価の向上による購入飼料の大幅減

購入飼料費の大幅な減額を可能にしたのは何であろうか。**表1-12**に見るように経産牛１頭当たりTDN供給量は、購入飼料は2,659kgから389kgに減少する一方、自給飼料は2,312kgから4,703kgへ増加した。粗たんぱく（CP）についても購入飼料が624kgから389kgへ減少する一方、自給飼料は572kgから784kgに増加したことによる。この間、経営耕地面積は変化していないことから、自給飼料の品質が向上したことによる。

集約放牧は小牧区の輪換放牧による短草利用である。短草は長草に比べて栄養価が高い。佐藤の1998年の５月中旬から11月上旬までの二つの牧区の放牧草の栄養成分の平均値は、TDNで63.9%、CPで21.6%であった。この数値は同年の十勝地域のサイレージ１番TDN54.5%、CP10.8%、サイレージ２番TDN54.6%、CP12.2%をそれぞれ10%近く上回るものであった。短草は「濃厚飼料」と言われる所以である。佐藤は、放牧草の栄養価を高めるため、草

表1-12　経産牛１頭あたり給与飼料栄養成分の推移

（kg）

		1996	1999	2002
TDN	放牧草	809	1,324	1,452
	ロール１番	1,229	1,370	1,040
	ロール２番	274	351	351
	乾草		86	86
	小計	2,312	3,213	4,703
	購入飼料	2,659	1,955	389
	合計	4,965	5,168	4,703
CP	放牧草	284	394	432
	ロール１番	233	337	256
	ロール２番	55	103	86
	乾草	–	12	10
	小計	572	846	784
	購入飼料	624	432	389
	合計	1,196	1,278	1,173

資料：表1-10と同じ

種構成をチモシー70%、オーチャードグラス20%、白クローバー10%から、モデル事業後はチモシー45%、白クローバー25%、メドウフェスク10%、ケンタッキーブルーグラス10%、オーチャードグラス5%、ペレニアルライグラス5%と高栄養牧草の比率を高くしている。

図1-8　佐藤牧場の負債、資本、償還元金の推移

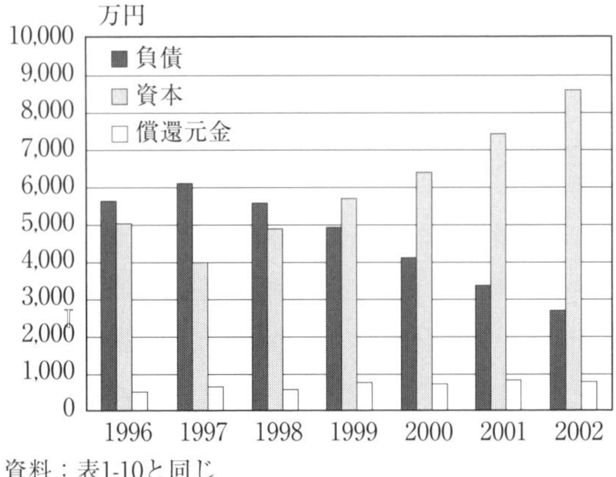

資料：表1-10と同じ

経営収支の大幅な改善により財務状況は大幅に改善された。**図1-8**にみるように、集約放牧モデル事業を開始した1997年には6,095万円あった負債が、2002年には2,671万円に減少している。これは、1999年から2002年の4年間で毎年700〜800万円、合計2,961万円の元金償還を行ったことが大きい。集約放牧による経営改善効果を示す典型的な事例となった。

目的は乳量ではなくゆとり確保の所得

佐藤の経営改善は高く評価され、2006年度全国優良畜産経営管理技術発表会において農林水産大臣賞を受賞した（「「多額負債」からの脱却と「ゆとり」経営の確立」『畜産コンサルタント』No.504、中央畜産会、2006年12月）。

また、足寄町放牧酪農研究会会長として足寄町酪農を大きく変えたことは足寄町内で認められ、15年度の「足寄町産業経済功労賞」が授与された。受賞祝賀会には放牧酪農研究会のメンバーのほか、多くの新規就農の家族が集まり佐藤の長年の功績を称えた（**写真**）。

佐藤が20年前に筆者に語った言葉は、現在一層輝きを増している。

「これまでの通年、畜舎で牛を飼う酪農は、無理に飼養管理を複雑にしていた。そのため、重労働を人間に強要する介護酪農であった。我々が求めているのは、乳量ではない。ゆとりの確保できる所得なのである。牛を大事にすることは、人間の生命を大事にすることと同じだ。放牧によって人も牛も健康になる。これまでの生産の時代から生命の時代に考え方を変える必要がある」（荒木和秋「集約放牧でグループ全員が経営改善」『北方農業』北海道農業会議、1999年７月）。

足寄町産業功労賞祝賀会で佐藤智好（中央）を囲んで（2015 年 11 月 20 日）（提供：坂本秀文）

第６節　経営危機を放牧の力で克服

機械に巻き込まれ大けが

1981年７月、村山昭雄の妻裕子（ひろこ）は、長女の出産のために実家に帰省していた。すでに６月に長女は生まれており、村山のもとに帰る準備をしていた。丁度その時、義母の千代から電話があった。「昭雄が大けがをしたので直ぐに戻ってきて欲しい」。

村山はサイレージキャリアのピックアップ部分にズボンの端が絡んで巻き込まれたのだ。左足大腿骨の骨折と右足の筋肉損傷で牧草が傷口に入り込んでいた。この時の様子を村山は「苦しくて３分が１日に覚えた。戦場で負傷した兵士の気分であった」と振り返る。事故の時に、たまたま牛の往診に来ていた足寄NOSAIの獣医師山本哲也が止血などの応急措置を施し、救急車を呼んでくれた。村山は山本を今でも命の恩人であると感謝している。大けがの手当を町立病院で受けたものの、けがの程度がひどく手術が必要だったことから帯広協会病院に転院した。手術は成功し、リハビリを行い６か月後に我が家に戻ってきた。しかし、いざ仕事をやろうにも足が地に着かなかった。けがでアキレス腱が縮んだからだ。再び手術を行い、家に戻ってきたのはさらに３か月後であった。

静岡から足寄に嫁ぐ

村山は戦後開拓２代目である。営農する柏倉地区は足寄町の東部に位置し、1946～47年に山形県から45戸が入植したが、現在では８戸に激減している。村山の父千代治（故人）は46年に入植すると、離農跡地を次々に購入し100haほどになった。**表1-13**は、村山牧場の経営展開を示したものであるが、土地基盤は千代治が築いたと言えるが、村山は「クズみたいな土地ばかり集めた」と思っていた。それら農地は16か所に散らばり今も牧草作業を苦しめており、村山は農地集積の大切さを痛感している。

表 1-13　村山牧場の経営展開

	1977	1981	1990	1996	1999	2006	2015
生乳生産量（トン）	100	165	243	294	334	335	384
経産牛（頭）	20	30	43	47	47	52	52
草地面積（ha）	40	60	67	72	72	98	92
うち採草地（ha）				52	52	63	60
うち放牧地（ha）				20	20	25	22
うち兼用地（ha）				−	−	10	10
家族労働力（人）	2	2	2	2	2	3	4

資料：「診断助言書」北海道畜産会など

村山は中学を卒業すると隣町の本別町にある製糖工場に勤めた。しかし20歳になると高齢（65歳）の千代治を助けに戻ってきた。69年には21歳の若さでそれらの土地を継承した。千代治が拓いた畑は５〜６haしかなかったことから、村山は谷地や石礫の土地で明渠を掘り放牧地にした。畑作と並行して乳牛の飼養を開始し、裕子と結婚した69年頃には経産牛30頭までになっていた（野原由香利『草の牛乳』農文協、2007）。

裕子は、静岡県三島市で会社勤めをしていたが、78年にある週刊誌で雪印乳業の花嫁募集の広告が出ており、その中に村山も紹介されていた。村山の書いた紹介文と写真が気に入った。「文章は素朴で顔立ちは鼻筋が通り男らしく見えた」。会ってみて村山の優しさに引かれた。１年間の電話と手紙のやり取りのあと79年６月に村山の牧場で実習を行った。千代から「良かったら嫁にこないか」と言われ、一旦帰省し９月に足寄に戻り入籍した。80年４月に千代治が他界し、７月に長男明義が生まれた。そして、村山の大けがはその翌年のことであった。

大けがの影響で経営が悪化し負債が増大

村山の大けがのため、裕子はまだ２か月の乳飲み子であった長女と歩き始めた長男を直ぐに東京の姉に預け、千代とともに酪農に専念することにした。酪農の経験はなかった裕子は千代の指導のもとで働いたものの、千代も経験は浅かった。経産牛30頭のほか育成牛もいたが、「二人でやっていけないだろう」との開協の助言で、育成牛10頭をまとめて売り渡した。しかし、後継

図 1-9　村山牧場の負債残高の推移

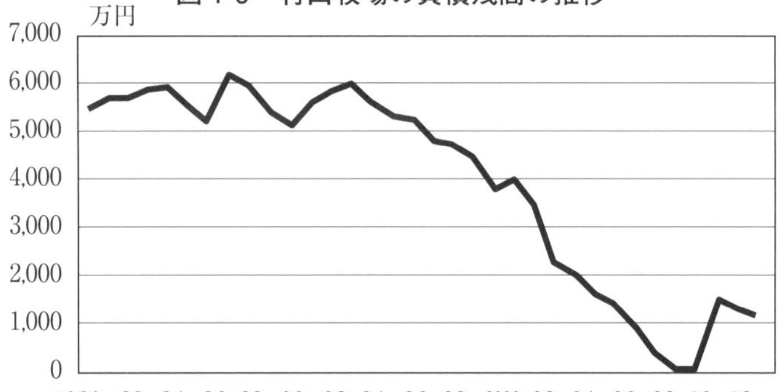

資料：村山昭雄提供

牛が居なくなったことに加え、牧草の収穫がうまくできず、繁殖成績も良くなかったことから経営は悪化した。村山が82年４月に復帰し汗だくで働いたものの、怪我の後遺症で５年ほど営農意欲が後退したことで毎年赤字経営が続いた。裕子も「牛舎の半分の20頭しかいない時もあった」と振り返る。

それまで、村山は77年に1,000万円で住宅を建て、さらに公社営事業で牛舎、サイロ、草地造成など4,000万円の投資を行ったことから、82年にはその返済が始まった。**図1-9**は、村山の経営の1980年以降の負債残高（借入額から元金返済を差し引いた額）の推移をみたものであるが、元利返済ができず負債残高は膨れ上がり、87年には6,223万円となった。さらに、借入額は92年には8,377万円となり、外部負債を含めると「あと２年で１億円だと思った。今と比べ40年前の１億円は桁違いだ」と絶望的な気持ちだった。農協プロパー資金も借りたが、利息は６～７％であった。さらに毎年の経営収支を示すクミカン（組合員勘定）が赤字になると１年貸付の証書に書き換えられ９％の利息がついた。クミカンの赤字が430万円に上った年もあった。金利の高さから「開協はサラ金だ」という人もいた。

開協の金利の高さは、**図1-10**にみるように貸付金に比べ貯金（自己資金）の圧倒的な少なさが原因していた。村山の借入金と開協の貸付金の増大は軌を一にしていた。個々の経営規模の拡大が貸付金によって行われたことがわ

図1-10 足寄町開拓農協の貯金・貸付金の推移

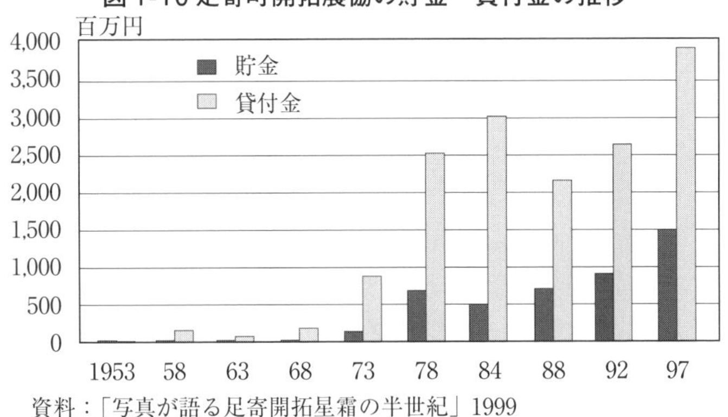

資料：「写真が語る足寄開拓星霜の半世紀」1999

かる（「写真が語る足寄町開拓星霜の半世紀」足寄町開拓農業協同組合、1999年11月）。

村山は、「怪我をしたことで負債が累積していった。金利だけで毎年平均160万円を払った。多い年で300万円を支払った」。そこで、89年から92年にかけて、金利の高い開協の貸付金を3.5％の大家畜経営体質強化資金（負債整理資金）に借り換えていった。その総額は4,300万円に上った。しかし、この借り換え資金についても毎年の元金返済額250万円、利子140万円、計390万円であり、「30～40頭規模では返せる金額でなかった」。負債が増大したことで開協から保証人を求められたが、「親戚に保証人を頼みに行ったものの断られ、最終的には全部の資産を7,000万円の根抵当権（設定上限額内で何度も借りたり返済ができる担保物権）に入れた」ことで急場をしのいだ。

負債返済の苦悩と周囲の冷たい目

さらに村山を苦しめたのが、開協による負債返済の督促であった。村山は、「年末になると電話が来るのが恐怖であった」。開協から呼び出しを受け出向くと、そこは針のむしろであった。「汗と一緒に血が噴き出しそうであった」。「負債額の大きさから威張られ苦しい思いをした」、「借金をしているだけで悪いことをしていないのに悪人扱いされた」と地獄の苦しみを味わった。

裕子は「今、金額を見ると恐怖だが、当時は借金の額を知らなかったので幸せであった」と今は昔のことと笑い飛ばした。しかし、「街に出ると知らない人から冷たい視線を浴びせられ、次第に外出も少なくなった」。また、子供の進学を計画していたところ開協の担当者から「教育費はどうするのか」と問われたが、開き直って子供を進学させた。「今思えば学校に出しておいて良かった」と振り返る。負債問題は家族にも及んでいたのである。

裕子は「それでも生活し、子供を育てながら借金を返してきた」と耐え忍んだ。村山も、「酪農をやめなければならないと思ったことが何度もあった」が、家族のことを思い踏み留まった。村山は今も「借金をしたらどれだけバカにされたか」と借金の恐ろしさが身に染み、決して忘れることのできないトラウマになっている。借金を返すため、濃厚飼料を増給し、サプリメントなども給与したものの経営は好転せずむしろ悪化していった。

研究会の参加で経営改善へ

村山は経営危機を脱するため、「良いと思ったことは全て取り組んだ」。開協からは「出荷乳量を増やせ」と言われ配合飼料をそれまでの１日１頭当たり４kgから５～６kgに増やした。発情が悪かったことから飼料メーカーに勧められてサプリメントやビタミン剤も給与した。その当時、村山は辛抱強く授精を行うことで最終的に受胎したものの、そのことで１年半から２年間空胎の牛もいた。また、経費削減のため、賞味期限の切れたパンも３か月間ほど食わせたこともあったが結果は出なかった。

村山に転機が訪れたのは足寄町で開かれた三友盛行（現中標津町在住元酪農家）の放牧の講演を聞いたことであった。三友の話は、放牧を行っていた村山にとって自信をつけてくれた。この時、公社営事業で同時期に施設整備をしていた佐藤智好がニュージーランドから戻ってきており、放牧研究会へ村山を誘った。佐藤は「気持ちが弱っていた時、唯一来てくれた酪農家」であった。村山が大けがをした時も、当時ヘルパー制度がなかったことから手伝いに来てくれた。村山は集会に出ても借金の話題を出されて屈辱感を味あわされ、孤立していた時にも、佐藤は来てくれ話し相手になってくれた。村山は嬉しかった。「絶望の時に佐藤だけは痛みを分かってくれた。今の経営があるのも佐藤のおかげだ」と感謝している。

1997年の集約放牧酪農技術実践モデル事業に参加することで、電気牧柵、牧道、放牧地造成・整備などを行った（事業費861万円，補助率47.6％)。同時に放牧酪農研究会に参加することで先進事例の視察や、放牧の専門家の指導や経営診断を受けたことで経営改善が進んだ。

腹を割って話ができる仲間が増え村山は欠かさず研究会に参加した。自分の負債額が仲間に公表され困惑したが、「仲間に迷惑を掛けてはいられない、モデル事業で結果を出さなければ」という意識になった。

さらに2001年に酪農ヘルパーとして働いていた長男の明義が実家に戻ってきた（本格的な戦力になるのはサブヘルパーを経てからの07年からである)。「息子がやるという時に、気持ちを入れ替えなければ」と、村山と裕子は張り切った。それまで乳質の悪さを指摘されていたことから乳検（牛群の泌乳量、乳成分、繁殖成績などを検定し、経営改善に資する事業）にも加入した。

経営診断により経営が改善

村山の以前の放牧地は整備されておらず、利用率は20haの80％程度で雑草も多かった。そこをバラ線で４～５に区切り、日中放牧を行っていた。放牧草の残食も多く掃除刈りを行っていた。また毎年２頭ほどがバラ線で乳頭を損傷し、治療に時間がかかっていた。

さらに、採草も機械の能力が低かったことから刈り遅れのため１番草の収穫は８月に入ることが常態化しており栄養価は低かった。サイレージはコンクリートのタワーサイロに詰めたが、収穫や取り出しの作業効率が悪く５年しか使わずロールベールサイレージ調製に変更した。粗飼料の品質が悪かったことからヘイキューブや乾草を毎年購入していた。

堆厩肥は収入を得るため一部販売していたものの、大部分は未活用であった。牛舎には常時厩肥が溜まった状態であり、それを畑の縁に移動するだけで草地への還元はわずかであった。当時、堆厩肥散布のためのマニュアスプレッダーがなく、そのため放牧地にも化学肥料を撒いている状態であった。

96年に村山の経営診断を行った北海道畜産会（現北海道酪農畜産協会）の畜産コンサルタントの鎌田哲郎は、「飼料自給率が高いものの乳飼比が高い。配合飼料がCP（粕タンパク質）18のもの一辺倒なのと、ニュートラキューブ（ヘイキューブ）など購入量が多い。カルシウム・ビタミンなど不必要と思われるものを多く給与し過ぎている。濃厚飼料が産乳に効率的に活用されていない。」と指摘した。鎌田は、「放牧中のたんぱく過剰を避けるためCP16の配合に換え、購入粗飼料を自給粗飼料に置き換えることで飼料費削減が可能になる。また放牧草の短草利用を」と助言した（鎌田哲郎「助言診断書」（社）北海道畜産会、1997年８月）。

そこで、村山は経営診断の助言に従って給与飼料の見直しを行った。**表1-14**はモデル事業導入前後の購入飼料の変化を見たものである。濃厚飼料の量の変化は見られないものの、購入額は513万円から400万円に減少している。粗飼料の購入額も93万円から64万円に減少し、合計で606万円から465万円に減少した（ただし育成牛用は含まない）。

表1-14　集約放牧モデル事業導入前後の購入飼料の変化

区分	種類	購入量（kg）		購入額（円）	
		事業前	事業後	事業前	事業後
		1996年	1999年	1996年	1999年
濃厚飼料	道東キープ17	1,000		43,126	
	道東キープ16		14,500		562,164
	ヘルシープラス2	5,440	660	446,441	43,281
	PF-18バラ	52,500	36,500	2,418,133	1,422,814
	ニューカロ18	40,000		1,847,644	
	ネオテック18バラ		36,000		1,432,788
	ビートパルプ	3,000		63,000	
	ビートパルプペレット	400	18,000	28,200	477,000
	乳牛サプリメント	460	540	283,840	66,310
	小計	102,800	106,200	5,130,384	4,004,357
粗飼料	ニュートラキューブ40	28,960		862,900	
	ニュートラキューブ400		24,000	63,600	642,450
総合計		131,760	130,200	6,056,884	4,646,807

資料：足寄町開拓農協資料から集計

図1-11　集約放牧モデル事業導入による月別濃厚飼料購入量の変化

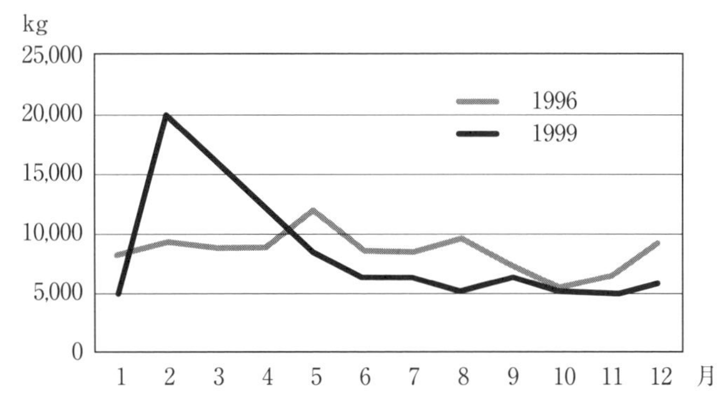

図1-12　集約放牧モデル事業導入による月別産乳量の変化

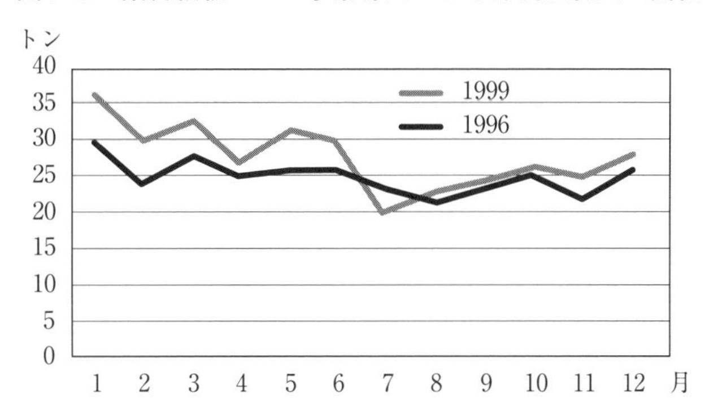

濃厚飼料購入量の変化を月別に見たのが**図1-11**である。99年は96年に比べ２月から４月は大きく上回っているものの、５月以降は全ての月で減少している（年間の購入量は100トン強で変化はない）。

一方、出荷乳量の推移を見ると、**図1-12**のように７月を除き全ての月で99年が96年を上回り、年間生産量は299トンから333トンへと11％増加している。経産牛の数は48頭から51頭にわずかに増えただけであり、飼料内容に大きな変化が生じたことを示している。

昼夜放牧による短草利用で草地生産力増大

購入濃厚飼料が変化せず生乳生産量が増加した理由は、自給飼料の生産が改善されたためである。まず、放牧地利用が大きく変化した。モデル事業に参加して98年に日中放牧から昼夜放牧に変えたことで短草利用になり草の食い込みが良くなった。経産牛48頭に対して放牧地は20haとやや少なかったことから、「放牧圧がかかったのでは」と村山は推察している。牧区の利用は、昼夜放牧に移行したことで、それまでの日中の牧区は４～５日の滞牧日数であったが、搾乳後は必ず牧区を換えるようにした。

さらに97～99年のモデル事業により4.1haの放牧地造成と１haの草地整備を行った。それまで畜舎に近い放牧地は谷地で絶えず暗渠を入れていたが、モデル事業で実質的に使える土地になった。

放牧地利用は、モデル事業では15haの大牧区を５牧区の小牧区にしたこともあり、個体乳量は96年の6,189kgから99年には7,096kgへと大幅に伸びた。しかし、モデル事業終了後は作業が面倒になり区切りを止め大牧区とし、他の各３haの３牧区の計４牧区を３～４日のローテーションの利用としたが個体乳量は変わらなかった。2006年からは新たに10haの兼用地が加わり、採草後の10cmほどの短草を牛は好んで食べた。

草種も大きく変えた。以前のチモシー（TY）、オーチャード（OG）主体からチモシー（TY）、ケンタッキーブルーグラス（KB）、メドウフェスク（MF）、ホワイトクローバー（WC）など多種になった。2015年に北海道農業研究センターが行った放牧地の５地点の優占草種調査では、①レッドトップ（RT）、②MF、WC、TY、③WC、TY、KB、RT、④TY、WC、MF、⑤WC、KBという草種構成になっており、高栄養のホワイトクローバーが放牧地のどこでも見られるようになった（北海道農業研究センター酪農研究領域「足寄町村山牧場2014年度調査資料」2015年５月）。

以上の昼夜放牧への移行、草地造成、整備、電牧による集約利用、新たな兼用地の利用により、**表1-15**に見るように放牧草の原物生産量は1996年の375トンから99年には421トンとなり、2006年には718トンへと急増した。その結果、グラスサイレージ等の調製量も含めたTDN量は、1999年の194トンから2006年の248トンへと28％増加している。

表1-15　村山牧場の飼料構成の推移

（トン）

				1996	1999	2006
飼料	自給飼料	現物量	放牧	375	421	718
			グラスサイレージ	443	773	315
			乾草	63	60	53
			計	881	1,254	1,173
		TDN 量	放牧	43	48	88
			グラスサイレージ	121	187	87
			乾草	31	29	74
			計	194	264	248
	購入飼料	TDN 量	濃厚飼料	65	60	43
			粗飼料	20	23	31
肥料	化学肥料	投入量（トン）	採草地	32	33	30
			放牧地	8	－	－
		価額（万円）	採草地	192	232	176
			放牧地	64	－	－
	堆厩肥	投入量（トン）	採草地	－	276	200
			放牧地	－	－	336
個体乳量（kg）				6,189	7,096	6,385
出荷乳量（トン）				300	334	334
経産牛頭数（頭）				48.4	47.1	52.4

資料：各年次「診断助言書」北海道畜産会

草地の生産力の増大は、堆厩肥の投入増大も寄与している。研究会参加前は、草地には堆厩肥は殆ど入っていない状況であったが、研究会に参加したことで堆厩肥投入のアドバイスや、後になって中山間事業により地区にマニュアスプレッダーが導入されたこともあり、堆厩肥の投入量が1999年には276トン、2006年には536トンと増大した。

繁殖管理の充実で成績向上

酪農ヘルパーであった長男の明義が経営に参画したことは大きな力となった。連動スタンチョンを牧柵の一角に作り育成牛の繁殖管理を行った。そのことで、初産月齢は1996年の32.6月から2006年には27.6月へと５か月齢も短くなった。平均産次数は同期間において2.84産から3.81産へと伸び、個体販売の増加につながった。ちなみに14年には個体販売価格の高騰もあって育成牛10頭および初生牛36頭（雄23頭、F1他13頭）の販売価額は880万円になっている。また、明義の参加で良質な乾草生産ができるようになり294万円の販売額は、収入増に大きく貢献している。

農業所得が倍増

村山は、研究会に参加し放牧技術を中心に様々な改善を行ったことで経営収支は好転した。生乳生産量が増えると同時に購入飼料が大幅に減少し所得が増加した。**表1-16**に見るように粗収入はモデル事業前の96年の2,875万円から98年の3,568万円に一気に増加している。

99年には個体販売の減少から2,967万円に減少しているものの、当期費用合計は、この間、2,963万円、2,872万円、2,670万円と大幅に減少する。その結果、農業所得は、この間、584万円、1,056万円、1,289万円と倍増する（98年は支払利息510万円のため、実質的な所得はさらに大きい）。

さらに、費用合計の減少の内訳をみたのが**表1-17**である。モデル事業前の96年と事業最終年の99年を比較すると、293万円の減額のうち購入飼料費が212万円と72.4％の寄与率であり、続いて減価償却費（乳牛）の30％、そして所得の減少につながる家族労働費の25.6％であった。

労働費の減少は、昼夜放牧への移行で牛舎作業が少なくなり、集約放牧モデル事業の実施で電牧と牧道が整備されたことが大きい。96年の自給飼料生

表 1-16　村山牧場の経営収支構造の変化

（万円）

	集約放牧事業前	事業実施中	
	1996	1998	1999
生乳販売	2,195	2,643	2,446
個体販売	350	432	60
乾草販売	188	372	250
他	142	222	211
合計	2,875	3,568	2,967
当期費用合計	2,963	2,872	2,670
育成棚卸調整後生産費用	2,665	2,493	2,103
売上総利益	210	1,075	864
販売管理費	528	953	442
うち支払利息	213	510	135
当期純利益	-244	232	547
家族労働費	828	824	743
所得	584	1,056	1,289

資料：各年次「診断助言書」北海道酪農畜産協会

表1-17　村山牧場における費用の変化

（万円）

費目		総額		差引	コスト減効果
		1996年	1999年	99-96	
自給飼料費		734	741	7	-2.4
購入飼料費		775	563	-212	72.4
労働費		729	654	-75	25.6
敷料費		0	11	11	-3.8
診療衛生費		24	33	9	-3.1
種付費		52	56	4	-1.4
光熱水費		64	82	18	-6.1
燃料費		19	20	1	0.3
減価償却費	乳牛	249	161	-88	30.0
	建物・施設	45	29	-16	0.3
	機械	10	7	-3	1.0
	計	304	197	-107	36.5
賃料料金		31	87	56	-19.1
修繕費		30	38	8	-2.7
小農具費		1	0	-1	0.3
諸材料費		28	3	-25	8.5
租税公課諸負担		64	150	86	-29.4
資産処分損益		109	36	-73	24.9
当期費用合計		2,963	2,670	-293	100

資料：表1-16と同じ

産の作業時間は763時間、飼養管理時間5,565時間、経営管理時間45時間の合計6,373時間であった。それが99年にはそれらは、685時間、4,937時間、91時間、合計5,713時間と660時間、10％減少している。経産牛頭数は48頭から47頭へとやや減少するものの、それ以上の減り方であった。

経験から生まれた経営理念

村山牧場は、長男明義（37歳）が営農に参加するとともに、明義は2016年に亜希子と結婚したことで労働力は4人になり充実した（**写真**）。**図1-13**は、モデル事業後の経営収支を見たものであるが、15年には経産牛頭数が52頭とやや増加したものの、粗収益は4,840万円、当期費用4,505万円、所得

村山昭雄（70）・裕子（66）夫妻と明義（37）・亜希子（33）夫妻（息子夫婦の新築住宅の前で）（2018年5月）

図1-13　村山牧場の経営収支の推移

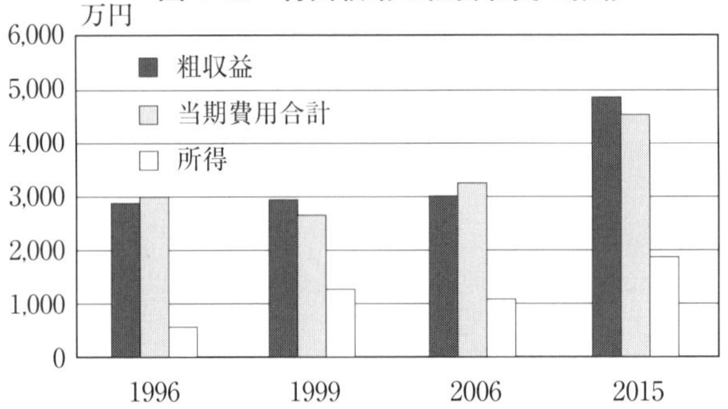

資料：「経営診断助言書」北海道酪農畜産協会

1,863万円と大幅に増加している。

村山は、苦難の時代を乗り越えたことで独自の経営理念を確立している。労働に対しては、「頑張る、働くということは実はお金がかかります。考える余力を持ち、効率良く動かないと、かえってお金を無駄にしてしまいます」と無駄働きをしないことを強調する（小西淳子「放牧酪農で苦境を乗り越え"ゆとりある経営"を実現」『酪農ジャーナル』2014年12月）。

飼養管理については、「酪農の重要点は繁殖。発情発見から受精・妊娠・分娩・泌乳―と続くサイクルをいかにスムーズに行えるか。昔は能力追求に偏り過ぎて疾病が発生し、サイクルを途切れさせた。自然に逆らうような管理は経営に無理を生じさせるのではないだろうか」。さらに、経営判断についても、「余力を持たなければ、身動きが取れない。経営収支面はもちろん、考え方にもゆとりがないと視野が狭くなり的確な判断が難しくなる」（山田一夫「放牧が苦境を救ってくれた」『デーリィマン』2014年７月）。

「80％で余力を残し、イザという時の備えをしておくことが大事」と、村山の苦難の人生から生まれた言葉の重みは大きい。

農林水産大臣賞を受賞

村山と裕子夫妻の経営努力は認められ、13年度の全国優良畜産経営管理技

農林水産大臣賞を受賞する村山昭雄・裕子夫妻（提供：坂本秀文）

術発表会（中央畜産会主催）にノミネートされた。14年３月26日に東京日比谷図書文化館で発表会が催され、村山は「苦農から酪農（楽農）への道のり」と題して発表し、見事、最優秀賞の農林水産大臣賞を受賞した。村山、裕子は檀上で主催者から表彰を受けた（**写真**）。苦難の酪農人生が報われた瞬間であった。

村山は現在、これまで経営危機から救ってくれた多くの仲間に感謝する日々を送りながら、足寄町放牧酪農研究会の副会長として新規就農者の支援や後継者の育成に当たっている。

第７節　放牧の力で飼料自給率80％を達成

立地の良さを再確認

黒田牧場は、足寄町東部の柏倉地区にある。放牧地23ha、兼用地2.5ha、採草地32.5ha、計65ha（うち借地15ha）の農地で、経産牛24頭、育成牛６頭の牛を飼養している（2019年１月現在）。

黒田正義（68歳）は、戦後開拓の２代目である。柏倉地区は、山形県の柏倉門傳村（後に山形市に合併）からの1946、47年の集団入植で開かれたため、その名が付けられた。入植者は45戸であったが、1978年には13戸、1999年には11戸に、現在は８戸に激減している。1978年当時の地区の経営形態は、酪農12戸、肉牛１戸で、酪農地区が形成されていた。この時の経営主は父米吉（故人）で、乳牛飼養頭数44頭、経営耕地面積51haであったことからすでに現在の経営基盤が形成されている（『硬骨の賦　足寄開拓三十年の記録』足寄町開拓農業協同組合、1978）。

黒田は、65年に農業講習所を卒業すると直ぐに就農し、85年に経営を引き継いだものの、この地への愛着はなかった。それを変えてくれたのが帯広市から来た削蹄師であった。後に82年に静岡から嫁いできた節子（65歳）は当時のことを憶えている。「夫は“こんな山の中”と言っていたが、削蹄師は、水があり、山があり、平らな農地もあり、牛を飼うには恵まれていると評価してくれた。正義のマイナス思考をプラスに変えてくれた」。

黒田正義・節子夫妻

さらに、元農水省の役人で尿の曝気装置を売りに来た業者から「放牧に適している」と言われる一方、「何という牛飼いをしているのだ。こんな牛は搾乳には向かない」と牛舎に繋がれた肥満の牛を批判された。そこで、プライドを傷つけられた黒田はこれまでの酪農の考えを見直し、配合飼料の量を減らすことにした。

低酸度２等乳の発生で生乳廃棄

その後、黒田は痛い経験をしている。86年の夏に低酸度２等乳（アルコールテストで凝固物が生ずる検定不合格乳）が発生したのである。この時の様子を節子は次のように記している。

「昭和61年８月。私達は牛乳を出荷できない状況に追い込まれました。前年の天候不良により粗飼料の質が悪かったうえに、カルシウム等の投与を怠っていたのがたたり、牛群のほとんどに低酸乳が出てしまいました。集乳してもらえない牛乳は捨てるしかありませんでした。処理室一面に広がった牛乳の白さを、私は忘れることができません。苦労して収穫した大事な草を食べさせて搾った牛乳を、こんな風に捨てなければならないとは。悔しさでいっぱいでした。」（黒田節子「生き生き輝け！　農村女性達　北の大地は夢みる大地（？）①」『北方農業』、北海道農業会議、1999）

黒田は、「牛は自然にカルシウムを摂取しているのだろう」と素人判断をしていた。そのため、生乳の半分以上を捨てる日々が１月ほど続いた。黒田は「罰があたった」と思った。そこで、「ちゃんとした餌をやらなければ」という意識に変わり、カルシウム、ビタミン、糖蜜、フスマ、綿実などを給与した。その後、黒田は浜頓別町で集約放牧を実践する池田邦雄牧場に見学に行ったり、足寄町での三友盛行（中標津町元酪農家）の講演を聞くことで、放牧酪農について真剣に考えるようになった。

集約放牧モデル事業導入で配合飼料が激減

黒田牧場に大きな転機が訪れたのは96年に放牧酪農研究会を会長の佐藤智好と立ち上げ、97年に国の「集約放牧酪農技術実践モデル事業」を導入して

表 1-18　黒田牧場の集約放牧モデル事業導入時の経営概況

項目／年		1996	1999	2006
生乳生産量（トン）		228	251	219
乳牛頭数（頭）	経産牛頭数	41.5	44.7	41.3
	育成牛頭数	41.8	32.5	21.6
経営耕地面積（ha）	飼料畑	4	－	－
	採草地	33.5	30	25.5
	兼用地	－	－	3
	放牧地	12	23	23
	計	49.5	53	51.5

資料：各年次「診断助言書」「経営診断助言書」北海道酪農畜産協会

図 1-14　黒田牧場の集約放牧の牧区

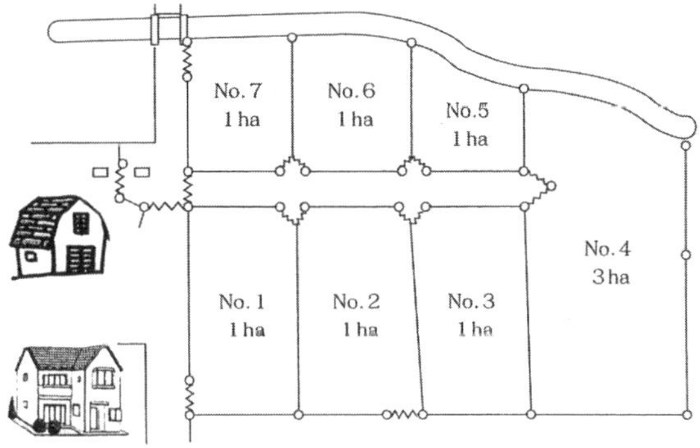

現在は１牧区になっている

からである。事業による大きな変化は、午前８時～午後４時頃までの日中放牧のみから昼夜放牧に転換したことである。それまでの放牧は40年前に造成した平地と100mの高低差のある山の放牧地12haでの粗放放牧であり、節子は「ただの放ったらかしで、えさの無い状態であった」と振り返る。

黒田は、モデル事業によって3.5haの放牧地造成と7.5haの放牧地整備、210mの牧道整備、1.66kmの牧柵整備を行い、**図1-14**で示したように、事業１年目は平場の９haの放牧地を７牧区に区切った。それらの牧区内をポリワイヤーでさらに細かく区切り、２時間置きに牧区を変え、集約放牧を実践した。そのことで個体乳量は１年間で500kgも増え収入も増大し、１年間で電気牧柵代300万円を返すことができた。

図1-15は、配合飼料の月別購入量を集約放牧モデル事業前の96年と事業最終年の99年をみたものである。99年は96年に比べ全ての月で大きく下回り、96年の月平均6.9トンから99年には2.5トンと３分の１近くまで激減している。一方、両年の月別出荷乳量を**図1-16**でみると、夏から秋にかけて99年が96年を大きく上回る。ひと月平均でも96年の19.1トンから99年の21トンへと10％増加している。集約放牧の効果を如実に表している。

図 1-15　黒田牧場における月別配合飼料購入量の変化

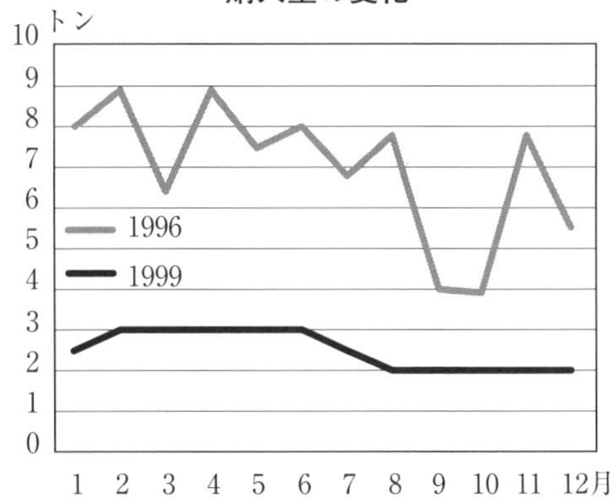

図 1-16　黒田牧場の月別出荷乳量の変化

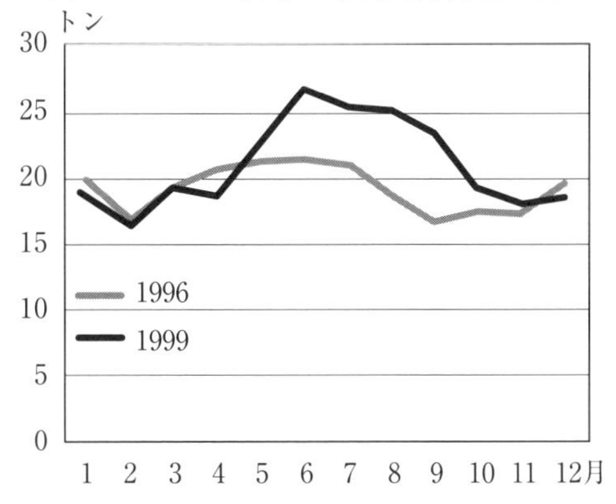

集約放牧から定置放牧へ

配合飼料給与量が大きく減少する中、出荷乳量が増大した要因は放牧地での生産力の増大である。事業前の草種は、オーチャード、ケンタッキー、チモシーが主体であった。それが、放牧モデル事業で、それまでのトウモロコシ畑4.0haを放牧地に転換し、メドウフェスク、チモシー、ホワイトクローバーを播種した。昼夜放牧を行ったことからイネ科牧草が食われ、ホワイトクローバーが繁茂するようになり、放牧牛を通して放牧地全体に広がっていった（**写真**）。

しかし、７牧区のうち４牧区（No.1～No.4）は、元はトウモロコシ畑であり、３牧区（No.5～No.7）は以前は河川敷であった。そのことから牧区による乳量と乳成分のムラが生じた。また、牧区によっては放牧後に乳房炎が出たこともあった。

乳量は元トウモロコシ畑の牧区で良く出たものの、牛は元河川敷のほうを好んで食べた。元トウモロコシ畑では除草剤や化学肥料、生糞が投入されていたことから草の嗜好性は良くなかったと黒田夫妻は見ている。

トウモロコシ畑を放牧地に転換しホワイトクローバが繁茂。右二人が黒田夫妻、左は佐藤智好の妻・さくら（提供：坂本秀文）

そこで、２年目は３牧区にして面積を大きくし、３年目は牧区に区切るのを止めて１牧区の定置放牧に移行した。心配した牧草の食い残しや乳量の低下、乳成分の低下は起こらなかった。節子は「牛はそれぞれの元牧区の草を適当に採食して胃袋の中でミックスジュースにしたのでは」と、牛が放牧草のコントロールを学習したのではないかと思っている。

トウモロコシをやめて重労働から解放

黒田は、放牧モデル事業の導入を機に、97年からトウモロコシの栽培を中止した。トウモロコシの作業は黒田だけではなく家族にも負担であった。トウモロコシ畑は河川敷を農地にしたものであったため石礫が多く出た。そのため、春作業の前には石拾いをし、二人の息子もそれを手伝った。石拾いは１週間かかった（３人・５時間・７日）。トウモロコシの作業は秋のプラウ耕起（１人・７時間・７日）から始まる。春作業はロータリー整地（１人・５時間・３日)、播種（１人・８時間・２日)、除草剤散布（１人・７時間・２日)、収穫は青刈り（１人・３時間・10日）とハーベスターによる２戸共同収穫（４人・７時間・４日）と総計すると延べ341時間にもなっていた。黒田はトウモロコシづくりを栄養収量はあるものの「時間も手間もかかり、やっていられなかった」思っていた。サイロから取り出す時も、痛んだ部分を選んで捨てる作業があり、台風の被害や３年に一度は不作になっていたからである。節子は収穫時に１日２時間、１週間かけて行っていた重石づくりからも解放された（タワーサイロに屋根がなかったため、サイロが満杯になるとビニールシートを被せ、重石を載せていた）。トウモロコシを止め放牧にしたことで黒田は驚いた。「牛はこれほど仕事をするのか」、「人間の仕事を牛たちがしてくれるようになった」と実感した。このことは経営診断の自給飼料作業時間の数字にも表れている。1996年の926時間から98年には150時間に激減している。

自給飼料の増加で購入飼料が半減

集約放牧モデル事業の効果を見たのが**表1-19**である。事業導入前96年と後の99年の粗収益は2,100万円前後と大きな変化はないものの、生産費用（当期費用合計）は、96年の2,217万円から99年の1,774万円と443万円の大きな減少となっている。その要因は、購入飼料費が407万円から191万円と216万円減少したことである。労働費も166万円減少している。これらは、これまで

表1-19　集約放牧モデル事業導入の効果

（千円）

項目			1996	1999	2006
収益	生乳		16,499	18,558	15,346
	育成		3,820	1,120	2,029
	初生		688	756	1,943
	その他		887	1,459	1,513
	計		21,893	21,893	20,830
生産費用	自給飼料費		6,673	4,083	3,251
	購入飼料費		4,070	1,907	1,207
	労働費		5,607	3,953	4,185
	減価償却費	乳牛	2,283	2,420	1,494
		建物施設・器具	326	311	407
		機械	54	79	545
		計	2,663	2,810	2,445
	当期費用合計		22,173	17,737	15,604
	差引生産費用		18,738	14,091	13,744
利益	売上総利益		3,155	7,998	7,086
	当期純利益		1,389	6,642	5,872
	家族労働費		6,767	4,147	4,329
	所得		8,155	10,789	10,201

資料：表1-18と同じ

表 1-20　自給飼料の生産費用の推移

（千円）

			1996	1999	2006
自給飼料費・千円	肥料費		1,705	1,665	491
	種子費		99	−	−
	農薬費		79	−	−
	家族労働費		1,204	195	234
	燃料費		226	268	81
	減価償却費	建物	148	35	
		機械	1,227	677	616
		計	1,375	712	616
	賃料料金		300	35	570
	修繕費		377	456	281
	諸材料		360	400	327
	借地料		900	850	650
	合計		6,625	4,573	3,251
TDN 1 kg 当コスト（円/kg）			41.1	21.90	16.30

資料：表 1-18 と同じ

表 1-21　購入飼料と自給飼料の TDN 量の推移

（kg）

			1996	1999	2006
TDN量	購入飼料	濃厚飼料	31,950	18,960	3,240
		ビートパルプ	14,052	12,791	19,380
		計	56,002	31,751	22,620
	自給飼料	放牧草	29,814	74,040	72,407
		グラスサイレージ	88,056	118,300	120,560
		乾草	17,424	13,228	6,468
		コーンサイレージ	25,857	−	−
		計	161,151	205,668	199,435

資料：表 1-18 と同じ

紹介してきた足寄町放牧酪農研究会のメンバーに共通して見られた。しかし、黒田牧場では自給飼料費が、667万円から408万円と259万円の減少を見ている。

そこで自給飼料費の変化を見たのが**表1-20**である。トウモロコシ栽培と放牧の拡大で家族労働費が大幅に減少している。また、農業機械の減価償却費の減少も大きい。その結果、自給飼料TDN 1kg当たりコストは、96年の41.1円から99年21.9円、06年16.3円と大きく低減している。

生産費用は大きく減少するものの、自給飼料生産は、**表1-21**に見るように96年の161トンから99年の206トンへと28％増加している。購入飼料が、56トンから23トンへ半分以下になったことを可能にしている。

飼料自給率80％への挑戦

黒田は、放牧モデル事業後、放牧による濃厚飼料の削減を追求した。**表1-21**でも見たように濃厚飼料のTDN量は、96年の32トンから06年は３トンと10分の１になっている。黒田は、「牛は草食動物であるから草で稼いでもらう。濃厚飼料の多給による生産病を減らしたい」との考えからであった。以前に発生した低酸度２等乳の不安が心の片隅にあったが、以前に比べて牧草の品質が向上していると思われ、今のところ濃厚飼料を減らしてきても低酸度２等乳は出ていない。しかし、18年は天候不良で牧草の出来がよくなかったため、配合飼料の給与量を増やしている。それでも１日２回与える１頭当たり配合飼料の総量は2.5kgである。

濃厚飼料を大幅に減らし、自給飼料の生産量を増やしたことで黒田牧場の飼料自給率は年々向上し、**図1-17**にみるように1996年の65％から2016年には85％になっている。

北海道酪農の原点を呼び覚ます

農家の経営目標は所得の増大である。そこで黒田牧場の放牧の展開を経済数値で見たのが**図1-18**である。所得は96年の816万円に比べ99年には1,012万円に増大している。所得の大部分を占めるのは家族労働費である。しかし、黒田牧場では、トウモロコシ栽培の中止と放牧の拡大によって労働時間が大幅に減少し、家族労働費が減少してきた。それでも所得が増加してきたのは当期純利益（利潤）が増加したことによる。

日本酪農は家族労働時間を増大させることで所得も増加した。しかし、このことは労働費の増大によって牛乳の生産コストを増加させてきた。これに対し黒田牧場は、放牧によって労働費を削減しながらも利潤を増大させることで所得を増大させてきた。放牧の力を利用したからに他ならない。

静岡でOLを経験して黒田と結婚した節子は、新規就農者として新たな視点で酪農を捉えている。

図 1-17　黒田牧場の飼料自給率の推移

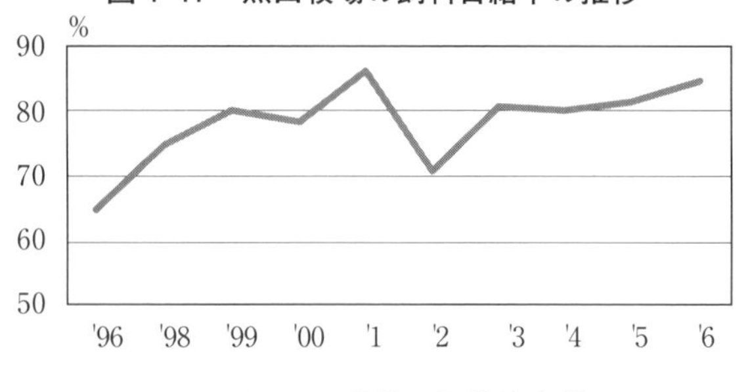

図1-18　放牧の経済的意義

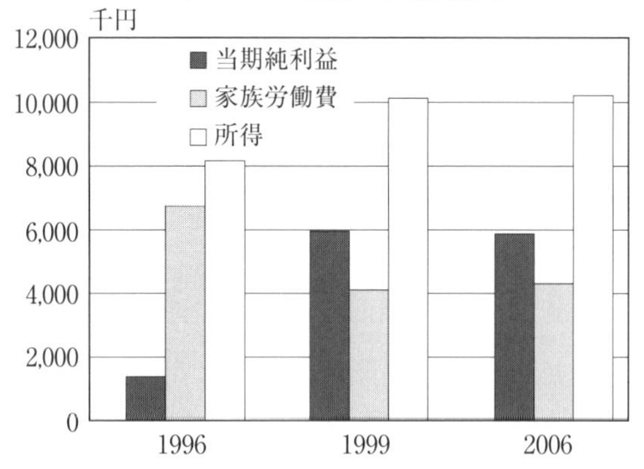

資料：「診断助言書」北海道酪農畜産協会

「牛たちは身体全体で季節の流れを感じ、自分たちの意思で行動します。その形態を取り入れるのであれば、私たち人間もまた、牛たちと同じように素直に自然と向かい合うべきでないでしょうか。牛たちは美味しい草を選び、食べ乳をだしてくれる。そのおかげで私たちは暮らしていけるのです」（黒田節子「私たちの忘れ物『平成11年度畜産経営技術事例発表会資料』北海道酪農畜産協会、2000」）

節子の言葉は、北海道の酪農家が忘れかけている酪農の原点を呼び覚ましてくれる。

第8節　66歳でニュージーランドを視察し集約放牧に転換

12歳で山形から入植

朝の作業を終えた佐藤廣市（右）と娘の弘子

佐藤廣市が働く牧場は、足寄町芽登にあり、現在娘の弘子（54歳）が経営主を務める。採草地26ha、放牧地20haの農地で経産牛頭数は43頭、育成牛24頭が飼養されている。

佐藤は、1937年生まれの81歳で、49年10月20日、小学6年生（12歳）の時に山形県東田川郡朝日村（現鶴岡市）から家族で足寄町末広（現芽登）に入植した。芽登市街から現在地まで道路はなく、足袋と下駄ばきで雪の馬車道を3km歩かされた。周りは原始林と笹原であった。前年に父親が来て、北海道庁から5万円の住宅建設補助金をもらい、自力で建設したことで余剰金を使って家族を山形まで迎えに来たのであった。しかし、壁板は1枚で冬は寒く、「川から石を拾ってきてストーブで温めて、湯たんぽ代わりに抱いて寝た。息がしばれて鼻が真っ白になった。外では木の水分が凍って、バーン、バーンと裂ける音が聞こえた。」と入植時の冬の厳しさを今でも憶えている。

家族は両親のほか妹2人と弟1人の6人家族であった。両親は体が弱かったこともあり、佐藤は入植後、直ぐに働いた。妹や弟に飯を食べさせて学校にやった。そのため、小学校に行くこともできず、卒業証書はもらえなかった。16歳から父親に代わり部落の会合に出て、酒も飲まされた。

和牛を導入後、水道を引いて酪農を開始

入植当初は開拓補助金が出たが施工検査があったので必死で開墾を行った。計画どおり進まない人は、共同で耕運機を買って作業を行った。まずは生活

に必要なカボチャ、イモ、大麦などを作った。そのほか、馬を飼っていたことから、燕麦も作った。

足寄町開拓農協では、1951年には30頭の繁殖牛を導入した（他に雄２頭)。そこで個々の農家は、貸付牛制度を利用して子牛を返せば良かった。佐藤も51年に和牛を２頭導入し、70年頃には20頭になった。しかし、水源がなかったことから、湧水がある農家まで片道2.5kmの行程を１斗樽（18L）で水を汲みに行く毎日であった。54年に電気が、61年に水道が相次いで通った。水道が通ったことで、乳牛を２頭から飼い始めた。

1973年には40頭牛舎を建設し酪農の比重を増大させた。当初は経産牛20頭しか入ってなかったものの、徐々に増やして40頭までになった。しかし、婿が離婚して出て行ったため和牛を徐々に減らし、2003年の８頭を最後に和牛の飼養は止め酪農１本にした。

04年に集約放牧に転換するまでは通年舎飼いであった。そのため、すべて採草地であった。ロールベーラが導入される前は、コンパクトベーラでの収穫調製であり、佐藤と２年前に他界した妻勝世（２年前に80歳で他界）の二人だけの作業であった。１番草は６月末から盆前まで、２番草は８月末から10月上旬までかかった。勝世は、コンパクトベーラの後部に取り付けられた鉄板の上に梱包された乾草を３～４段に積み上げ、一杯になると貯蔵場所まで持っていった。「俺は機械に乗っていただけだったが、妻が一人で積み込みを行った」。１日最高で１個20～25kgあるコンパクトベーラを1,000個収穫したこともあった。佐藤は勝世に「重労働をさせた」と苦労をかけたと思っている。

放牧交流会に出てNZへ

佐藤に転機が訪れたのは2003年、夏期実習を行っていた酪農学園大学学生の石川美知子（当時、筆者の研究室所属、現在、株式会社不二越勤務）が放牧に関心があったことで、当日開催の足寄町放牧ネットワーク交流会に送って行ったことだった。佐藤は送ったついでに研究大会に参加し、はじめて放

図 1-19　佐藤牧場の放牧地の区割り（提供：坂本秀文）

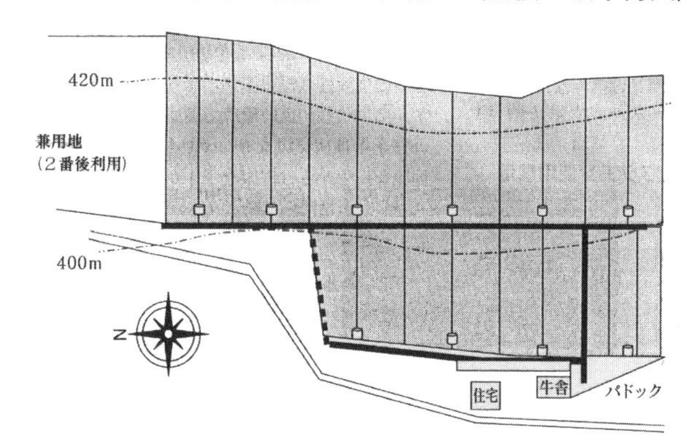

牧の話にふれ石川と話し合う中で放牧に関心を持つようになった。

そこで、その秋に組まれたNZ酪農研修に参加した。ツアーには、すでに集約放牧に転換した本間隆（故人）夫妻、本間正喜夫妻（その後、新規就農者に経営継承）、足寄町開拓農協職員坂本秀文（現びびっど足寄町移住サポートセンター勤務）も参加し、放牧に関する知識を得ることができた。また、佐藤は、同行した本間隆等が成功していることに加え、NZの大酪農場を見て、「NZは規模がでかいが、縮小して考えればいい」と自分でも出来ると確信した。

佐藤は帰国すると、直ぐに集約放牧場の設計に取り掛かった。佐藤の牧場は40haが一か所にまとまり、坂本によると足寄町の中でも条件に恵まれていた。牛舎に近い20haを放牧地にし、他の20haを採草放牧兼用地にして３番草は放牧にした。放牧地は21牧区に区切り、１ha１牧区での半日の放牧とした。21牧区は発情のサイクルと合わせ、発情発見をしやすくした。電気牧柵は補助事業で業者に施工を頼んだが、杭打ちは重機もあったことから自分で行った。牧道も自分で作った。放牧地への入口は、牛舎に近いほうに設置したことで、放牧地に呼びに行く手間を省いた。坂本は、「牧道を作ったことで牛が放牧地にスムーズに動くようになった」ことが成功の要因と評価している。

牛舎作業から解放され毎日が土曜日に

佐藤が視察研修に来た参加者に発した集約放牧の評価は、「毎日が土曜日（半日労働）です」という言葉が如実に表している。それまで、パドックには放していたものの、通年舎飼い時は、１日８時間働いていたが、集約放牧に転換して、冬期５時間、夏期は４時間以内に終わるようになった。単に作業時間が短くなっただけではなく、ベッドメイクや糞出しなどの重労働が夏場はなくなったからだ。糞の量が全く違った。もともと1998年から自動給餌機を導入して省力化を図っていたが、集約放牧でさらに楽になった。

搾乳が終わった牛は、ゲートを開けると自分で出て行くようになった。牧区は順番に動かすため、牛は次に入る牧区を憶えた。また、夕刻の３時半から４時になったら牛舎に自分で帰ってくる。牛舎で配合飼料が当たることが誘引となって、牛床に入る順番も憶え自分で入った（**写真**）。

牧区の広さは、放牧開始時は１牧区、その後夏にかけて徐々に狭くして、だんだん小さくして21牧区になる。また、夏の終わりから秋にかけては牧区の面積を広くして行き、最後は１牧区としている。40頭の搾乳牛は１牧区12時間、１

表 1-22　集約放牧転換３年目（06 年）の経営収支

（万円）

項目			金額
収入	生乳販売		2,193
	初生牛販売		237
	他		84
	計		2,514
生産費用	飼料費	自給	286
		購入	660
	労働費	雇用	129
		家族	572
	敷料費		29
	診療衛生費		13
	種付費		58
	光熱水費		105
	燃料費		73
	減価償却費	乳牛	136
		建物施設	79
		機械	53
		小計	267
	賃料料金		87
	修繕費		66
	諸材料費		69
	租税公課諸負担		146
	資産処分損益		64
	当期費用合計		2,624
	棚卸評価		422
	差引生産費用		2,202
利益	売上総利益		312
	販売管理費		265
	事業利益		47
	事業外収益		678
	当期利益		726
	家族労働費		604
	所得		1,330

資料：経営診断助言書、北海道酪農畜産協会

日２牧区のローテーションで丁度牧草を食べきることができる広さである。

夕方の搾乳に戻って来る牛達（提供：坂本秀文）

通年舎飼いから集約放牧に転換したことで、酪農収益は徐々に増加していった。**表1-22**は、集約放牧転換３年目の経営収支である。粗収入は2,514万円、生産費用は2,202万円で当期利益は726万円であるが、これに家族労働費604万円（自給飼料労働費も含む）を加えると所得は1,330万円になる。１頭当たりでは35万4,000円で、当時の道内ではトップクラスの成績であった。

４人の新規就農者を育成

佐藤は集約放牧転換後、４人の実習生を受け入れ、足寄町町内に定着させた（**表1-23**）。足寄町全体で16名の新規就農者が定着していることから、その25％を佐藤が育てたことになる。元足寄町役場職員の坂本秀文は、当時は新規就農希望者が出てくると、佐藤のところに連れてきた。娘夫婦が離婚したことで、労働力が足りなくなったことを坂本は心配してからのことであった。

表 1-23　佐藤牧場での長期研修生

氏名	実習年	実習期間	入植地区	放牧スタイル	学歴	結婚の有無
T.Y	2004 年 4 月 1 日 ～06 年 3 月 31 日	2 年	茂喜登牛	小牧区	大学	未婚
T	2006 年 8 月 1 日 ～09 年 12 月	3 年半	芽登	小牧区 （季節繁殖）	大学	未婚
K	2010 年 3 月 25 ～12 年 3 月 31 日	2 年	茂喜登牛	大牧区	大学	既婚・子供 1 人
K.Y	2012 年 4 月 1 日 ～14 年 3 月	2 年弱	白糸	中牧区	大学中退	既婚

注：聞き取りによる

佐藤は農業機械の操作は地区でも評判が高かったことから実習生にも教えた。実習後、全部がスムーズに就農した訳ではなかった。佐藤は、実習を終えて他地区で働いていた一人を心配で訪ね、足寄町に就農するように説得した。また、未婚であった研修生の仲人となって町内に定着させた。

坂本は、「佐藤さんは、研修生を雇用労働の対象と見るのではなく、新規就農する者として、仕事の合間を見て学習会等に自由に参加させた。様々の苦労を経験し大きな気持ちを持った佐藤さんの人柄が4人の新規就農者を育てたのではないか」と評価している。

81歳の今も現役

佐藤は、81歳なった今も酪農に従事している。朝は4時半に起きて、芽登市街の住宅を出て、5時までに牛舎に行く。餌やり、搾乳の準備を行い、屋外4か所で育成、乾乳に給飼を行い、6時半になったら戻る。自宅での朝食を8時30分に終え、9時になったら再び牛舎に行き、牛舎の管理作業の手伝いや育成の糞出しを行い、11時になったら住宅に戻る。午後は15時30分から17時まで屋外の28頭の育成、乾乳に餌やりを行う。仕事の合間の13時から15時は、週に5回芽登市街にあるゲートボール場に通う。就寝は20時で、8時間の睡眠時間は確保している。労賃は月15万円を貰っており、年金を合わせると余裕のある生活が確保されている。

佐藤は、「健康で体が許す限り働くつもり」で生涯現役を目指している。集約放牧の評価については、「もっと早くやればよかった」と今あらためて思っている。

佐藤牧場は、丘の上にあるため、地域では「天空の牧場」と呼ばれている。夏場、放牧地で牛の世話をしながら足寄の山々や遠く大雪の山々を見るのが、佐藤の毎日の楽しみとなっている。

第2部　町の新規就農の呼び込みによる発展編

第１節　「放牧の町」宣言を行い町おこしに取り組んだ足寄町役場

放牧酪農交流会のスタート

足寄町の農業活性化対策室統括係長であった櫻井光雄（現（一社）びびっどコラボレーション代表理事）が、足寄町放牧酪農研究会の立ち上げと集約放牧技術実践モデル事業の導入を担当した。集約放牧モデル事業の成功によって農家経済は大幅に改善された。これらをマスコミも取り上げるようになり、多くの酪農家、農業関係者、学生、研究者が訪れるようになった。

櫻井の後を引き継いだのは畜産草地係長寺地優（まさる）（現、足寄町社会福祉協議会事務局長）は、日本草地畜産種子協会が主催する全国規模の研修会である放牧サミットに参加していた。同様な研修会は地方にはなかったことで、寺地は足寄町でも研修会ができないかと町長に相談した。そこで、当時集約放牧酪農はまだ点的な存在であったことから、この動きをさらに進展すべく集約放牧に関する全道的な情報交換の場を設けることになった。日本草地畜産種子協会の了解を得て、「北海道放牧酪農ネットワーク交流会in足寄」（以下「放牧酪農交流会」に略）という名称で足寄町独自の研修会がスタートすることになった。

放牧酪農交流会の実施の決断をしたのは前町長の安久津勝彦であった。安久津は、櫻井が農政係長で放牧推進に取り組んでいた時、農林課の畜産草地係長として櫻井から放牧の情報を得ていた。また放牧酪農研究会にも顔を出していたことから放牧に対する理解は深かった。安久津は2001年４月に都市振興課長補佐に移動し、03年４月には都市振興課長に昇格するものの、直ぐに退職し町長選に立候補し当選した。公約の１番目に放牧酪農推進を掲げた。丘陵地の多い足寄町は、十勝平野の中央部と違う自然条件にあり、放牧酪農の重要さを安久津は認識していた。

10年間続いた町主催交流会

足寄町が主催する放牧酪農交流会は10年続いた。2010年は口蹄疫の発生で人の動きが警戒されたことで中止となったため９回実施された。放牧酪農交流会は３つの行事で構成された。シンポジウム、交流会、放牧フィールド見学であった。**表2-1**は全９回の記念講演演題と講演者、その後のパネルディスカッション、そして次の日に開かれたフィールド見学の一覧である。なお表には記載していないが、パネルディスカッションのコーディネーターは、第１回を落合一彦（現チーズ工房那須の森代表）が務め、第２回以降は筆者が務めた。

参加者は、北海道が多かったが道外からの参加者もあった。ちなみに参加者が297人と最も多かった2009年第７回の参加者を見ると、酪農家、大学生、農協職員、乳業会社社員、農業改良普及員、農業資材会社社員、飼料会社社員、行政職員、高校生など多岐に亘っていた。

この時のシンポジウムは安久津町長と吉田敏男町議会議長の挨拶でスタートした。記念講演のテーマは、事務局を担っていた農林課職員坂本秀文（現びびっど足寄町移住サポートセンター）が外部の識者の意見を参考に決めて

第７回（2009年）のパネルディスカッション（右から佐藤智好、三友盛行、木村秋則、荒木和秋）（提供：坂本秀文）

300人近い参加者が会場を埋め尽くした。（提供：坂本秀文）

表 2-1　「北海道放牧酪農ネットワーク交流会 in 足寄」の企画内容と参加者

回	年次	記念講演	講演者	パネルディスカッション テーマ	パネラー	フィールド見学	参加者
第 1 回	2003	米国における放牧酪農の状況	ローレンス D. ミューラー	放牧四天王が語る北海道酪農の展望	出田基子、池田邦雄、三友盛行、斎藤晶	吉川友二 佐藤智好	98 名
		北海道における放牧酪農の状況について	須藤純一				
		足寄町放牧酪農研究会の取組みについて	佐藤智好				
第 2 回	2004	消費者からみた酪農	野原由香里	女性から見た放牧酪農	出田基子、三友由美子、小野寺浩江、黒田節子	桜井譲二	85 名
第 3 回	2005	新規就農者から見た放牧酪農	小林治雄	放牧酪農と新規就農者	吉川友二、桜井譲二、倉形大、田村大二郎、桑原光孝	長南真一	176 名
第 4 回	2006	足寄放牧研究会の総合的評価	干場信司	酪農新時代～持続と環境をもたらす放牧酪農	干場信司、落合一彦、佐藤智好、本間隆、元木元成、大島義則、岩崎和雄	佐藤敏明	179 名
		放牧がはすます力を発揮できる時代	落合一彦				
第 5 回	2007	穀物の燃料化で北海道酪農の生産構造が転換できるのか	荒木和秋	将来の北海道酪農について	三友盛行、中洞正、森高哲夫、佐藤智好、大矢根　督、小林治雄	佐藤智好、柴田哲夫	223 名
		北海道酪農の描くべき姿と地域の農村文化の発展	三友盛行				
		日本酪農へもの申す これからの放牧牛乳	中洞　正				
第 6 回	2008	本来酪農のあり方を過去に学び、将来を読み解く	萬田富治	北海道放牧酪農について	吉川友二、小田義治、橋本明、小泉浩、石田幸也	天木元成	212 名
		何故放牧酪農に転換したのか	小栗　隆				
第 7 回	2009	草資源活用の酪農について	三友盛行	農の原点から放牧酪農を見る	三友盛行、木村秋則、　佐藤智好	本間隆	297 名
		リンゴ h 愛で育てる	木村秋則				
第 8 回	2011	放牧酪農による牛乳の付加価値と新規就農による地域活性化	石橋榮紀	消費低迷時代に挑む放牧酪農	石橋榮紀、的場和弘、引治聖和、本間隆	吉川友二	141 名
		放牧牛乳に対する消費者ニーズ	的場和弘				
		放牧牛乳による牛乳の高付加価値	石橋　宏				
第 9 回	2012	放牧酪農における繁殖技術の確立	坂口　実	放牧酪農から見えてくるもの	坂口実、宮嶋望、佐藤智好、吉川友二、田中淳一	佐藤弘子（廣市）	127 名
		世界各地を見聞しての、その視点からの酪農	宮嶋　望				

資料：「北海道放牧酪農ネットワーク交流会 in 足寄　10 年のあゆみ」（足寄町役場経済課農業振興室、2013）から抜粋作成

いた。タイムリーな話題を選びつつも、決して一過性のものではなく放牧酪農の永続性に関わるものが多かった。パネルディスカッションは記念講演の演者を交え、地元放牧酪農家を中心に行われ、会場からの質問を交えて活発な討論が行われた（**写真**）。

深夜まで続いた交流会と放牧フィールド見学

シンポジウムは午前10時から始まり、午後５時に終わるというハードなスケジュールであった。続いて場所を変えて懇親会が里見が丘公園で開かれた。会場はテントが張られ、その中でバーベキューが行われ、畜産草地係から寺地、山岸秀夫、大風圭介、農政係から櫻井、村上賢治、野村将継、嘱託職員であった榊原武義と坂本秀文もこれに携わった。回を重ねることで中鉢武美、富樫裕一、大竹口暁己、村田善映、加藤勝廣のほか農協職員、十勝農業改良普及センター東北部支所の職員も加わった。まさに町を挙げての一大イベントであった。会場では、安久津町長、吉田町議会議長が参加者を回って会話を交わした。さらに、２次会は宿泊場所にもなった道立足寄少年自然の家で行われ、そこでも町職員がお世話した。

放牧フィールド見学。安久津町長の挨拶からスタートした。（提供：村田善映）

懇親会は、町職員にとって準備から接待、そして後片付けと大変な作業であったが、心のこもった対応は次年度参加につながった。

交流会の２日目は足寄町内の酪農家の放牧地を見学し、草地や牛の評価が行われ参加者との質疑応答が行われた（**写真**）。

全国初の放牧酪農推進の町「宣言」

町長の安久津は、シンポジウムに必ず参加し開催の挨拶を行った。第１回の放牧酪農交流会で、安久津は「足寄は放牧酪農推進のまち宣言を目指している」と構想を披露した（北海道新聞、2003年８月30日）。安久津は町長就任時以来「足寄町農業がダメになったら足寄町経済は傾く」と常に考え、さらに足寄町酪農をアピールする方法を考えていたからだ。そこに櫻井光雄か

「放牧酪農推進のまち」宣言（2004 年 6 月 15 日）

今日の国内畜産業は、経済効果最優先の生産基盤拡大・強化が進む一方で、口蹄疫や BSE の発生後、特に「食の安全性」の確立を図るために安全な国内飼料の利用による食料安全保障の確立が求められ、さらに、WTO 農業交渉の進展等新たな国際環境のもとで、農業の多面的な機能の発揮やコスト低減による経営の維持安定など農業・農村の持続的発展が求められ、更には、国内自給率の改善や家畜糞尿処理など環境問題に対処できる資源循環型農業の確立が必要となっている。

このような状況で、足寄町の土地・自然条件に適合した粗飼料の利用率を高め、草食動物である大家畜本来の機能を発揮する放牧利用の一層の拡大を図り、土・草・家畜の資源循環による土地基盤に立脚した放牧を取り入れた循環型農業としての放牧酪農の取り組みは、自然との調和のみならず経営の改善等大きな成果を上げ高い評価を得ている。

また、放牧酪農の取り組みにより、足寄町で放牧酪農を目指す多くの新規就農者が参入するなど、高齢化が進む農村地帯にあって新たな就農形態への動きになっている。

足寄町は従来の酪農形態に加え、土地条件に適合した持続型草地畜産としての資源循環酪農である放牧酪農を推進することを宣言する。

ら「宣言」の提案があった。安久津は「全国のどこもやっていないなら、1番にやるのが町のアピールになる」とゴーサインを出した。「宣言」案の作成は寺地が当たった。議会での提案になるため、議会関係者に諮ったところ町内の経済団体（町農協と開拓農協）の合意があれば賛成するとの回答であった。そこで寺地は町農協と開拓農協を回った。

町庁舎前に掲げられた「放牧酪農推進のまち」宣言の垂幕

この間、安久津のところには「町には舎飼いだってフリーストールだってあるだろう､何で放牧なんだ」という声もあったが、「誤解しないでくれ。他の飼養形態を否定している訳でない。放牧は足寄町の丘陵地という条件には理に適った形態だ。それぞれの立地条件に合う飼養形態であれば良いのではないか」と説得した。「宣言」の調整には寺地が1年近くかけたが、04年3月の第1回定例議会において全会一致で採択された。町役場ではパンフレット、ポスターを作り、庁舎には垂幕が掲げられ、現在も足寄町のシンボルになっている（**写真**）。

放牧酪農を推進した町職員　前列：右から寺地優、安久津町長、村田善映（現職員）後列：右から坂本秀文、櫻井光雄（元職員）

同年6月に出された「宣言」の最後に、「足寄町は従来の酪農形態に加え、土地条件に適合した持続型草地畜産として資源循環型酪農である放牧酪農を推進することを宣言する」と謳っている。これは、2015年9月の国連サミットで採択され、日本政府も推進本部を設置して取り組むSDGs（持続可能な開発目標）に先行するものであり、足寄町の先駆性を改めて認識させるものである。

次世代に引き継がれる放牧酪農交流会

放牧酪農交流会は、その後足寄町農協傘下の足寄町放牧酪農振興会（会長田中淳一）に引き継がれ、新たな展開を見せている。田中は北海道大学を卒業後、佐藤廣市の牧場で３年半実習を行った新規就農者である。

安久津は2019年４月末で４期16年務めた町長職を退任した。安久津が決断した集約放牧事業の導入と酪農交流会そして放牧のまち宣言によって、足寄町が全国に放牧の町として知られるようになった。多くの若者が訪れるようになり、そのことで毎年新規就農者が定着している。集約放牧の取り組みは、単に酪農の放牧技術の革新をもたらしたばかりではなく、戦後開拓で先人が開墾した広大な農地資源を新たな人的資源によって保全する取り組みでもあった。安久津が残した業績は大きく、足寄町酪農が放牧によってよみがえった16年であった。

第２節　交流会を機に実習先や世話役の働きで新規就農

牧場丸ごと譲渡が地区で認識

足寄町が03年から北海道放牧酪農ネットワーク交流会in足寄を毎年開催することで、多くの若者が町を訪れ、その中から新規就農する者も出てきた。**図2-1**は、19年１月の新規就農者16戸の入植場所を示したものである（足寄町役場提供）。13戸が旧開拓農協地区の西部地区に固まっている。長年新規就農者の受け入れを行ってきた坂本秀文は「旧開協地区は、比較的耕地面積が広いなど条件が良かったことに加え、開拓一代目は土地に対する執着心が強くなく、一方自分は開拓で苦労したが息子には苦労させたくないという意識が働いたのではないか」と開拓地農民の経営継承に対する意識を分析している。

さらに新規就農第１号の吉川友二（茂喜登地区）のケースが大きな影響を及ぼしたと坂本は見ている。それまでは離農に際しては、地区に配慮して近

図 2-1　新規就農者の営農位置（提供：足寄町役場）

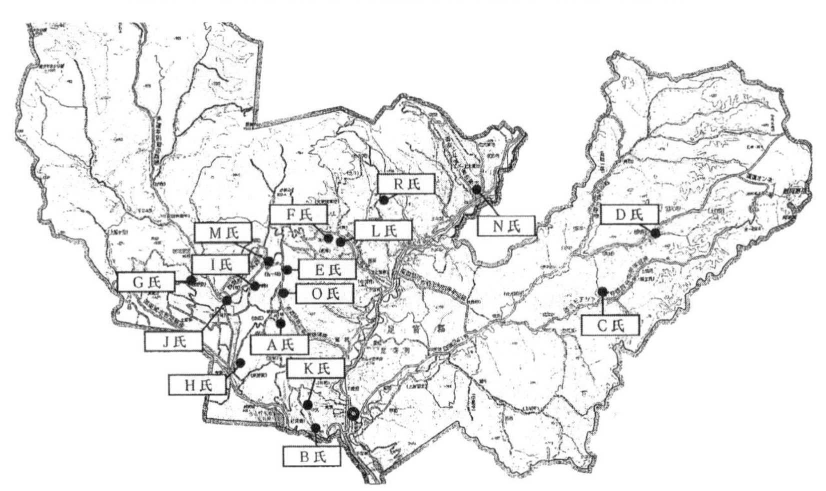

隣農家に農地を譲渡するケースが多かったが、吉川の場合は牧場丸ごと譲渡され、「牧場単位で売れるということが認識された」からである。

全国から新規就農

新たに２戸を加え18戸の新規就農者の状況（2019年４月１日時点）を見たのが**表2-2**である。出身地を見ると、世帯主は、１人を除き全て道外出身者である。最も多いのが東京都と大阪府でそれぞれ３人、次いで山梨県が２人で、他は全国に散らばっている。また妻も３人を除き全て道外である。神奈川県、大阪府、岡山県がそれぞれ２人で、他は各地域の出身である。まさに足寄町は全国の若者が集まる町になっている。18戸のうち酪農が16戸で、他はめん羊１戸、畑作１戸である。農地面積は酪農で87.4haから22.6haと差が大きいものの、経産牛頭数では、50頭から25頭と差は小さくなる。また、出荷乳量も323トンから139トンと道内においては小規模である。新規就農者が

表2-2　足寄町における新規就農者一覧（2019年4月1日）

	農家	地区	入植年	出身地		主年齢	子供	経営耕地面積（ha）	経産牛頭数（頭）	乳量（t）
				世帯主	妻					
1	A	茂喜登牛	2001	長野県	富山県	54	4	87.4	37	233
2	B	中矢	2001	山口県	滋賀県	44	4	14.6	（羊 674）	−
3	C	上螺湾	2004	兵庫県	−	47	−	51.1	46	191
4	D	茂足寄	2003	大阪府	広島県	50	2	39.4	35	191
5	E	茂喜登牛	2004	山梨県	神奈川県	52	2	67.2	50	186
6	F	白糸	2009	山梨県	岡山県	42	2	45.9	36	166
7	G	芽登	2009	青森県	兵庫県	39	2	27.4	26	223
8	H	芽登	2010	東京都	新潟県	44	2	22.6	28	182
9	I	茂喜登牛	2011	大阪府	北海道	41	2	36	30	212
10	J	茂喜登牛	2012	大阪府	岡山県	36	2	59.3	43	250
11	K	中矢	2012	愛知県	大阪府	39	2	30.5	45	324
12	L	白糸	2015	東京都	神奈川県	39	2	23.9	40	305
13	M	茂喜登牛	2016	滋賀県	愛媛県	38	2	38	35	261
14	O	茂喜登牛	2016	茨城県	茨城県	39	2	58.6	25	139
15	R	庄内沢	2019	福岡県	北海道	40	−	30.8	33	−
16	N	中大誉地	2019	北海道	北海道	44	2	26	−	−
17	P	上大誉地	2019	埼玉県	鹿児島県	37	4	41.2		−
18	Q	白糸	2019	東京都	大阪府	39	3	62		−

資料：足寄町役場経済課提供

定着することで人口が増え、特に子供の数が39人に上ることから地域の小学校の生徒数が増加している。

研修生を労働者として扱わない

足寄町の新規就農者は、何故新規就農の道を選んだのであろうか。**表2-3**は筆者と研究室所属学生が2017年１月に行った面談調査の結果である（**表2-2**の農家番号とは異なる）。前職をみると13戸中６戸がサラリーマンであることから、最初から酪農の道を選んだ訳ではない。しかし、新規就農の理由をみると、「牛が好きだった」、「家族で農村生活をしたかった」など、酪農への憧れを持っていたことから、サラリーマンを経験したものの、最終ゴールである酪農の夢を実現したのである。

他の半数は、最初から酪農の就農を考えており、「牧場経営がしたかった」を理由の多くとしてあげ、実習生や酪農ヘルパーに就いて経験を積み新規就農を果たしている。

表 2-3　新規就農者の前職と就農理由

No	経産牛頭数	前職	新規就農の理由
1	59	実習生	自然の中で暮らしたかった
2	50	牧場勤務 酪農ヘルパー・実習生	職業として目指した
3	45	実習生	家族で農村生活をしたかった
4	42	サラリーマン	牛が好きだった
5	37	サラリーマン	牧場経営をしたかった。
6	37	サラリーマン	家族で農村生活をしたかった家族で農村生活をしたかった。
7	35	サラリーマン	牛が好きだった。牧場経営をしたかった。
8	34	サラリーマン	
9	32	実習生	牧場経営をしたかった。
10	32	実習生・酪農ヘルパー	牧場経営をしたかった。
11	30	実習	牧場経営をしたかった。
12	30	サラリーマン	牛が好きだった。
13	27	実習	

資料：『北海道農業経営調査』第 30 号、酪農学園大学、有機農業・酪農経営学研究室、2017

なぜ足寄町を選んだのか

新規就農者が何故、足寄町を選んだのか、**表2-4**は調査農家の選択理由の一覧である。選択理由として人的要因、地域的要因、放牧希望要因の三つに大別される。規模が相対的に大きい新規就農者は、人的要因、地域的要因が多い。人的要因の内容をみると坂本秀文や新規就農第１号の吉川友二の名前が出てくる。実習先が足寄町であったことは、実習先農家や実習生の面倒を見た坂本の存在が大きいと言えよう。また、中標津町でマイペース酪農を実践し放牧酪農を指導している三友盛行の名前が出てくる。その他、地域的要因として、「偶然土地が空いていた」、「道内を回っていて足寄町に土地があ

表2-4　足寄町を選択した理由

No	経産牛頭数	選択要因			選択要因の具体的内容	北海道放牧酪農ネットワーク交流会in足寄の参加と効果
		人的	地域的	放牧		
1	59	○	○		偶然土地が空いていた。放牧研究会の仲間がいた。	入植時はなかった。
2	50		○		道内を回って足寄町に就農地があった。	毎回参加
3	45	○	○		実習先が足寄町であった。	役に立った
4	42	○			開拓農協で坂本さんと出会ったことから。	最初の２回
5	37	○			新規参入の実績、吉川さんの存在、サポート体制が充実、同級生が就農	毎年
6	37	○	○		実習先が足寄町であった。	実習時に参加。役に立たなかった。
7	35	○		○	放牧をやりたかった。三友さんの話で足寄町を選択。	役に立った
8	34		○		十勝で就農希望。土地が安い足寄町を選択。	毎年参加。大いに役に立った。優秀な人との出会い。
9	32			○	士幌町で酪農実習を行っていて、放牧がしたかった。	参加。モチベーション向上
10	32			○	放牧推進の町であったため。	参加。モチベーション向上
11	30			○	放牧が盛んであった。	間接的に役にたった
12	30	○			坂本さんに紹介があった。新規参入者が多かった。	参加した。
13	27			○	放牧を漠然と希望していた。足寄で牧場管理の仕事が出てきたため。	１回参加

資料：表2-3と同じ

った」など、新規就農者は就農地の情報を集め、実際に訪問していたことがわかる。そこに坂本が居たことで足寄町が選択されたのである。

一方、規模が相対的に小さい新規就農者は放牧希望要因が多い。これは、新規就農のスタート段階のため規模が小さかったというよりも、小規模の放牧酪農を当初からめざしていたことが考えられる。新規就農者が足寄町を知るきっかけは、町が主催した北海道放牧酪農ネットワーク交流会への参加である。交流会に参加することで、足寄町の新規就農者や関係者と知り合い、入植の一因になったものと思われる。

新規就農までの行程

足寄町では、新規就農者の窓口として経済課農業振興室に担当者を置いてきた。それを担ったのは総括畜産コンサルタントの坂本秀文であった。まず、役場を訪れた新規就農希望者から、経歴、酪農経験、足寄町での就農の意思などを聞き、研修先の農家を紹介した。その際、坂本が農家を選ぶ基準は、労働力が不足していること、研修に理解を示し単に実習生を労働力として扱わず農業者の育成に理解を持っていることであった。

研修生にとって、まず宿舎の確保が課題であった。最初は町は廃校になった教員住宅を提供したが、2009年４月に足寄町新規就農研修センターを開設した。施設の内容は、共同住宅や会議室、調理室であった。共同住宅は、世帯向け1LK ２部屋、個人・実習生向け1K ４部屋であり、１日当たり使用料は、世帯向け700円、個人向け450円であった。共同住宅に入った研修生や家族の間では、研修センターの菜園を使って交流会も持たれ人間関係が築かれた（**写真**）。

研修センター菜園で家族の交流が図られた（2011年５月）（提供：坂本秀文）

研修中に離農予定農家が出てくると実習先をその農家に変更し、引き継ぎを兼ねた研修を行った。ただし、長くて１年以内が引き継ぎ期間となる。期限を設けたのは、「長く居ると、お互いの粗が見えてくる」からであり、「丁度、人間関係が熟した時に牧場の移譲を行うのがベストである」と坂本は長年の経験から引き継ぎ期間は短いほうが良いと考えたからだ。

また、現在、新規就農者の相談に乗っている櫻井光雄（一般社団法人びびっどコラボレーション代表理事）は、「新規就農希望者は牧場の譲渡が目の前に出てくると、安い給料で一生懸命働く。それによって経営が好転すると離農予定者は離農に迷いが生じてくる」。そのためにも短い譲渡期限を設けることが大切だと強調する。

農場譲渡は農家の判断を尊重

新規就農者への牧場譲渡決定は、形式的には町役場が行ったが、実質的には研修先の農家の判断に求めた。研修生が酪農という職業に向いているのか、就農に対する確固たる意志を持っているのか、など農家の判断を尊重した。坂本は、「他の研修施設を持っている地区では組織の職員であるサラリーマンが判断するが、農家が判断するのがより適切だろう」という理由である。

町では、新規就農者と離農予定者、双方が経営移譲、譲受の投げ出しを防止するため、離農予定者の牧場の譲渡意思の確認ができると直ぐに覚書を作り、経営移譲および譲受の仮契約を結んだ。ただし、稀に覚書を書いた後も、牧場の評価見直しや追加評価についての変更を求めるケースもあったという。覚書の中身は、①譲渡代金、②譲渡代金の支払時期、③経営の移管時期、④固定資産税の負担などである。それと平行して不動産の法的手続きや農協加入など新規就農のスケジュールも設定され、覚書を順守しながら経営移譲が行われた。

世話役の働きが決め手に

坂本は町農業振興室統括畜産コンサルタントとして新規就農者の受け入れ

を担当した。一方、業務外での対応も行った。研修中の新規就農希望者を坂本は自宅に呼んで晩飯をご馳走した。料理の得意な妻梅枝は暖かく迎えた。梅枝自身も父親が満州国公務員の引揚者であったことから、開拓農家の家庭で育ち幼少期から農業を手伝い開拓の苦労を良く知っていたからである。

新規就農がある程度決まると、坂本は研修生と一緒に地区の農家に挨拶に回った。地区での人間関係を作るためであった。坂本が年の暮れに新規就農者を連れて挨拶に行ったところ、連れてきた子供にお年玉をくれた農家もいた。地区では新規就農者を歓迎したからである。しかし、たまに離農者が地区に相談なく新規就農者に牧場を譲渡した場合には、地区から反発されたこともあった。坂本は「農地を守っているのは地区だという意識があったから」と思っている。それでも新規就農者が地区に溶け込む努力を行ったことで、そうしたわだかまりは解消された。「奥さんが地区とのコミュニケーションを密にすれば地区からは認められた」と女性の役割を重視している。

坂本は月に一度は新規就農者を訪問している。長年の農協勤めで経営の良し悪しが分かった。苦労している時には、本人の悩みを聞いて相談に乗り励ました。開協時代、長年にわたり農家の相談に乗ってきた経験と、その農協で２度も解雇に会った苦労が、新規就農者の心を捉えた。坂本の面倒見の良い気さくな性格は、新規就農者の中で「お父さん」と慕われている。足寄町の多くの新規就農者の定着は、坂本をはじめ足寄町の人々の暖かい心がもたらしたと言えよう。

第３節　足寄町で成功する新規就農者達

新規就農者の全部が放牧酪農

足寄町で2016年までに就農した13戸について経営概況を見たのが**表2-5**である（本調査は、酪農学園大学循環農学類有機農業・酪農経営学研究室が2017年１月に経営調査を行い、『北海道農業経営調査』第30号、2017年３月に掲載した表を再整理した)。

乳牛飼養頭数は、経産牛で最大59頭、最小27頭と差がある。30頭台が８戸と過半を占める。その他、規模が大きい経営では黒毛和牛などが飼養されている。

放牧方式は、集約放牧が８戸、定置放牧が２戸、中牧区放牧（集約と定置の中間）３戸に分かれる。これは、集約放牧選択の農家は足寄町放牧酪農研究会の集約放牧の流れを受けた経営群で、定置放牧は傾斜地等の立地条件からそこで適合した方式として選択されたものと思われる。

搾乳方式はパイプラインミルカーが９戸で旧経営者の方式を継承している

表 2-5　経営概況と放牧方式・搾乳方法・牧草収穫体系

番号	乳牛用（頭）			採草	兼用	放牧	合計	団地	肉牛	放牧	搾乳方法	牧草収穫
	経産	育成	計	(ha)	(ha)	(ha)	(ha)		(頭)	方式		調製
1	59	44	103		50	39	89	2	ホル６	集約	ヘリンボーンＰ	乾草
2	50	25	75	20	10	20	50	5	黒16	集約	パイプラインＭ	コントラS
3	45	25	70		10	20	30	2		集約	パイプラインＭ	RBS
4	42	31	73	20	7	26	53	5	黒９	集約	ヘリンボーンＰ	購入
5	37	30	67	18	24.5	15	57.5	2		定置	パイプラインＭ	RBS
6	37	26	63			22	22	1		集約	パイプラインＭ	
7	35	15	50	21	6.5	17	44.5	11		定置	パイプラインＭ	RBS
8	34	5	39	20	5	10	35	4		中牧区	アブレストＰ	RBS
9	32	12	44	13	7	23	43	6		中牧区	パイプラインＭ	RBS
10	32	8	40	19		20	39	5		集約	パイプラインＭ	
11	30	20	50	2.0	8.2	10.5	20.7	3		集約	パイプラインＭ	RBS
12	30	4	34	27		13	40	4		中牧区	パイプラインＭ	乾草・RBS
13	27	9	36			26	26	1	黒４	集約	アブレストＰ	
a.v.	37.7	19.5	57.2	13.4	9.5	19.5	42.3	3.9				

注：RBS=ロールベールサイレージ

が、No.1、No.4はミルキングパーラ（ヘリンボーン・スイングオーバータイプ）を建設し、No.8、No.13はアブレストパーラである。牧草の収穫調製は、ロールベールサイレージか乾草調製が行われているが、１戸はコントラクターへの委託、１戸は調製作業を行わず乾草を購入している。新たな事業の展開はNo.1がチーズ加工に取り組んでいる。

新規就農の場合、前経営者の資産が継承される。牛舎・施設および機械の所有状況では、成牛舎は2000年以前のものが多いものの、屋根付き堆肥舎はそれ以降の鉄骨構造で成牛舎より立派である。トラクターはほぼ３台が所有され、そのほかタイヤショベルやホイールローダが所有されているが、ほとんどが中古で前経営者から購入している。その他、牧草調製機械一式と圃場管理機および糞尿処理機械が所有されているが、それらは牧場管理のための最低限の機械である。概して新規就農者は固定資産投資を極力抑えている。

希望の入植を町がバックアップ

入植者の農場評価を見たのが**表2-6**である。農場の買取価格はほぼ4,000～6,000万円であるが、農地面積は20～40haと北海道においてはやや規模が小

表2-6　農場の評価

番号	入植年次	農場買取価格	価格評価	農場評価	評価の理由						自己準備資金	借入
					土地	建物	住宅	環境	人関係	生活便		
1	2001	3,800万	?	○	○			○	○		600万	6.400万
2	2004	4,300万	?	?							?	2,500万
3	2013	6,000万	妥当	○	○					○	1,000万	2,800万
4	2004	6,000万	妥当	?		×	×	○		○	300万	5,000万
5	2012	5,000万	妥当	○	○						500万	2,600万
6	2009	5,300万	安い	?							230万	3,800万
7	2004	4,500万	妥当	○							800万	リース4,000万
8	2016	8,000万	高い	○	○						200万	2,700万
9	2009	5,000万	妥当	○	○	○					500万	3,000万
10	2010	4,900万	妥当	○	○				○		300万	2,800万
11	2011	5,300万	高い	○	○						1,000万	4,300万
12	2016	5,600万	妥当	○	○	○	○	○	○	○	200万	2,700万
13	2009	4,800万	妥当	○	○	○		○			500万	2,800万

注：農場評価は「希望する牧場に入植できたか？」への回答で○は「できた」である。

さい。これらの農場の評価として「希望する牧場に入植できましたか？」という問いに対して、13戸中10戸が、「できた」と回答している（３戸は「わからない」）。その理由として10戸が「土地条件が良好」と回答し、他の理由を大きく上回っている。それは**表2-5**の団地数が示すように農地がまとまっていることであり、そのことが放牧酪農を可能にしている。むしろ新規就農者は放牧が可能な農場を取得したと言えよう。

町は、1998年９月に「足寄町新規就農者等誘致促進条例」を制定した。この制定に際しては、当時、農業活性化対策室の係長であった櫻井光雄（現びびっどコラボレーション代表）が香川博彦町長の命を受けて当たった。

この条例の中で、補助金等の交付が規定され、実習生に対して「営農実習奨励金」が月額15万円、最長２年間支給された。さらに経営を開始する際には、「農業経営開始奨励金」が年額200万円を上限に最長３年間支給されている。これらを全て受給すると、営農実習奨励金360万円、農業経営開始奨励金600万円、合計960万円になり、町は1,000万円近い手厚い支援を行う一方、研修先の農家に対しては「営農指導交付金」が月額５万円、最大４年間交付している。新規就農者は300～1,000万円を準備したものの、2,500～3,000万円の借り入れを行っていることから、町からの支援は大きかったと言えよう。2001年の入植の吉川友二は、この制度の第１号として恩恵を受けたが、「絶対に成功しろ。お前がこけたら後が続かないぞ」と櫻井からハッパをかけられた。

ほとんどが昼夜放牧を実践

新規就農者は放牧酪農を目的に入植を行った。**表2-7**に見るように放牧開始は５月上旬が多く、開始条件は「放牧地が乾燥する」、「牧草が出芽する」が多い。時間帯は殆どが昼夜放牧である。この間の滞牧日数は、集約放牧の場合、0.5～1.5日が多く輪換放牧の形態をとる。また、牧区数は、最初は大牧区からスプリングフラッシュの時期（５月下旬～６月）には１牧区の面積を小さくする。７月以降は１番草の収穫後の兼用地を放牧地にするため牧区

表 2-7　放牧の実施内容

番号	放牧期間	放牧形態	牧区数		滞牧日数	牧道	水飲み場有無	育成牛放牧地	冬季の放牧・運動
			最大	最小					
1	5上～11下	昼夜	48	20	0.5	○	移動、水道	○、12ha	○、パドック、0.5ha
2	5上～11下	昼夜	7		1	○	○	公共牧場	○、放牧地
3	4下～11上	昼夜	10	3	1.5	×	3箇所	○、5ha	○、パドック、1ha
4	5上～11中	昼夜	10	3	1.5	○	1箇所、水道	○、2ha	○、放牧地、5ha
5	4中～11下	昼夜	1	1		×	3箇所	○	○、放牧地、パドック、2ha
6	5上～10下	昼夜	28	1	0.5	○	1箇所、水道	○、1.5～2ha	○、パドック、0.5ha
7	5上～10下	昼夜	2		5	○	×	×	○、パドック、0.7ha
8	5上～10中	昼夜	?			×	7箇所、水道	×	○、放牧地、10ha
9	5中～10中	日中	5	3	4.5	×	2箇所、タンク	×	○、パドック、？ha
10	5上～10下	昼夜	15	4	1	○	6箇所、水道	○、2ha	○、パドック、1ha
11	5中～10下	昼夜	20		0.5	○	6箇所、水道	○、0.5ha	○、放牧地、パドック、？ha
12	5上～11上	日中	?		1	×	1箇所、水道	×	○、放牧地
13	5上～10下	昼夜	14	3	1	×	14箇所、水道	○、5ha	×

数は増加する。放牧地の草量が少なくなると１牧区を徐々に大きくし秋には大牧区に戻る。そして10月下旬から11月上旬には終牧を迎える。一方、定置放牧の場合は、これとは違って大牧区で放牧を行う。冬季はパドックや牛舎に隣接する放牧地で放牧（運動）を行う。放牧施設は、電気牧柵の他、水飲場が設置されているものの、牧区数が多い集約放牧の場合は設置箇所が多く、定置放牧の場合は１か所になっている。この中で、No.13は秋分娩の季節繁殖を行い、冬季はTMR給与を行い、夏期に放牧を行っている（荒木和秋「秋産み季節繁殖の集約放牧とTMRによる高品質乳生産」『DAIRYMAN』2017年８月）。

妻は家事に専念し休日も確保

毎日の作業時間を見たのが**表2-8**である。多くが30歳代、40歳代と若いことから世帯主の１日の作業時間は、ほぼ８～10時間以上である。作業時間帯は多くが、朝は４～６時の開始であるが、午後は２～４時と北海道の一般的な経営に比べて早い。

牛舎作業は、世帯主が主に行う場合が多く、糞尿処理作業はバーンクリー

表 2-8　作業時間や家事、休日の時間

番号	年齢		作業時間		飼料給与機械等	家事の時間		休日（日）	
	主	妻	主	妻		主	妻	月	年
1	52	45	7	0.5	自動給餌	0.5	10	2	20
2	45		8		一輪車				
3	37	28	10	1	一輪車	0	10		10
4	51	48	10	4	自動給餌	1	8		3
5	34	35	9	4.5	一輪車	1	4～5		5～10
6	38	43	9	1.2	一輪車	?	?		?
7	48	52	9	5	一輪車	0.5	5		12
8	36	37	10	1	給餌車	0	5	0	0
9	40		8		一輪車	1			5
10	39	39	9	4～5	一輪車	0	3		10
11	42	42	10	4～5	一輪車	1	5		10
12	37	38	10	2	一輪車	1	7	0	?
13	37	35	10	8	一輪車	0.5	3		30

ナーで行い、飼料給与は、多くが一輪車を使って手作業で行っている。

一方、妻の１日の作業時間は育児や家事のため少なくなっている。少ない人で哺育、育成を0.5～１時間、多い人で搾乳を中心に４～５時間である。家事の時間は５時間前後と多くなっている。休日は、年間10日以上取る農家が多く、No.13は30日を確保している。No.13は妻も冬期は８時間労働を行うものの、前述のように秋分娩の季節繁殖を行うことで夏期は乾乳牛の昼夜放牧のため１か月の帰省を可能にしている。

このように、新規就農者の牧場では午後の作業開始時間が早く妻の作業時間が少ないこと、夫の家事への参加が見られること、休日が年間10日以上確保されていることなどの特徴が見られる。

平均所得は1,000万円を確保

年間の生乳生産量と農家経済の動きを見たのが**表2-9**である。生乳生産量は200～300トンが多く、200トン以下も４戸ある。１頭当たり搾乳量は5,000～7,000kgと北海道の平均に比べ少ない。

農家経済をみると粗収入は2,000～5,500万円と大きな差が出ており、その中で2,000万円台、3,000万円台が多くなっている。所得は800～1,000万円台

表 2-9　生乳生産量と農家経済の状況（2016）

（トン、kg、万円）

番号	生産乳量	個体平均乳量	粗収入	経営費	(飼料費)	所得	支払利息	元金償還	家計費	経済余剰
1	250	5,000	5,500	4,100	1,200	1,400	23	270	300	807
2	270	-	5,000	4,300	1,470	700	17	300	380	3
3	300	6,000	4,300	3,200	1,400	1,100	6	233	300	561
4	230	-	3,000	2,000	880	1,000	0	0	480	520
5	215	6,948	2,565	1,500	465	1,065	0	280	350	435
6	-	-	4,200	3,200	-	1,000	0	0	300	700
7	190	6,000	2,500	1,700	500	800	7	180	590	23
8	170	7,000	2,372	1,500	550	872	70	500	330	-56
9	190	5,500	2,000	200	250	800		300	500	0
10	228	7,100	2,593	1,675	540	918	0	400	390	128
11	175	5,800	3,300	2,500	950	800	0	380	400	20
13	300	10,000	3,615	2,100	1,100	1,515	95	650	470	300
平均	210	6,594	3,412	2,331	846	998	18	291	399	287

注：No.12 は入植直後のため除外

が多くなっている。入植年次が2010年以降も多いものの、わずか５～６年で一般勤労者を上回る所得が達成できている。

農村生活に満足、しかし不便な面も

「農村生活に満足していますか？」という問いに対し、「満足」が６戸、「ほぼ満足」が６戸であり、「あまり満足していない」は１戸、「満足していない」、はゼロであった。ただ、全てが満足というわけではない。「足寄町で生活の不便さを感じていることは何ですか？」という問いに対して、「病院が不安」、「小児科がない」、「婦人科がない」など病気に対する不安や、「外食」や「買い物」の不便さを上げていた。中山間地域に共通する問題であろう。

町では新規就農者の積極的な交流を図ってきた。当時、町職員として新規就農者の窓口であった坂本秀文が「新規就農者・予定者激励地域交流会」を企画した。ほとんどの新規就農者と関係者が参加して、パークゴルフや焼き肉パーティで交流を図った。安久津勝彦町長（当時）や吉田敏男町議会議長も必ず参加し、新規就農者を激励して回った（**写真**）。

また、吉川友二が会長を務める「新規就農者の会」では、毎年、忘年会と放牧開始前の「出陣式」を開催している。新規予定者の海外視察や体験談の発表会などのあとに、昼食を兼ねた交流会が持たれ、最後に1年の営農成功への祈願が行われる。

新規就農者は、多くがはるばる都府県から来た若者が多い。北海道の中央部の中山間地を第二の故郷とした決意は固い。新規就農者が孤立しないよう、仲間の結束を強めるとともに町に溶け込む努力が必要である。そして成功した新規就農者が次の新規就農者を呼び込む役割も担っている。

新規就農者・予定者激励地域交流会に集まった関係者
(中央タオル姿は吉田敏男町議会議長)(2012年8月)
(提供：坂本秀文)

第４節　多くの人との出会いによって新規就農・NZ放牧を実現

大学院を辞退し新規就農をめざす

長野県の農村で育った吉川友二（54歳）は、当時日本が高度経済成長を遂げるなか、負の側面であった水俣病、四日市ゼンソク、イタイイタイ病などの公害病や自然破壊を憂い、日本の農業や自然の再生を夢見ていた。そこで吉川は自然の豊かな北海道の大学に入学した。

山スキー部に所属したことで、１年の３分の１を山で過ごし、大学最後の春休みに日高山系に登ったが、雪庇で足を踏み外し危うく死にかける。その時に、「どうせ短い人生だから好きなことをやろう」と決心し、既に合格していた大学院を辞退し、新規就農を目指すことにした。その後の新規就農までの長い道程を**表2-10**に示した。

大学を卒業すると斜里町で新規就農を実現していた大学時代の先輩の田村英士を訪問した。入植地の選定も終えていたものの、役場の職員から、「自

表 2-10　吉川友二の新規就農までの道程

年次	勤務・実習先	勤務・実習内容
1991	北海道	３月北海道大学卒業、道内有機農家で実習、高松農場（上富良野）で実習
	愛知	12～４月自動車工場勤務
1992	北海道	５～11 月高松農場で実習、
	愛知	12～４月自動車工場勤務
1993	北海道	５～11 月斉藤晶牧場（旭川）で実習
	東京	12～５月建設会社勤務
1994	東京・NZ	６月 NZ 訪問、８月渡 NZ、12～５月ワイカトポリテク
	NZ	８～９月トーマス牧場（タウポ）、９～10 月バーティ牧場（ロトルア）、12～６月デュベス牧場（オハウポ）
1995	NZ	７～５月マイヤー牧場（ケンブリッジ）
1996	NZ	６～５月ローチ牧場（モリンズビル）、
1997	NZ	６～５月ロクストン牧場（ドゥルーリー）
1998	NZ・北海道	７月帰国、７～12 月牧家
1999	北海道	１～12 月牧家
2000	北海道	１～５月斉藤晶牧場、６月足寄町ヘルパー組合サブヘルパー
2001	北海道	１月１日足寄町入植

注：聞き取りによる

給自足農業なんか初めからやると失敗するぞ、まずは農家で修行したほうが良い」とアドバイスを受けた。

田村から紹介された町内の酪農家で働いたあと、全道の有機農家を回り、その年の秋に上富良野町の高松農場（克年、恵子夫妻）に落ち着く。高松農場は有機畑作と減農薬水田および酪農の複合経営であった。しかし、冬期間の仕事は家族で賄えたことから、12月入ると吉川は愛知県の自動車工場に出稼ぎに出た。翌年も夏期は高松農場、冬期は自動車工場で働き就農資金を貯めた。

当時、高松農場では配合飼料と飼料用トウモロコシで乳量１万kgを目指していたが、吉川は「草食動物の牛に何故、穀物をあげなければならないのか」と疑問だった。そんな時、農場の本棚に斉藤晶著の『牛が拓く牧場』を見つけ放牧酪農への関心が高まった。

山地酪農からニュージーランドへ

旭川市で山地（やまち）酪農を確立した斉藤晶は、戦後開拓で入植したものの一番条件の悪い山奥の土地を与えられ、厳しい自然条件の中で活路として見出したのが放牧主体の酪農であった。吉川は、出稼ぎ先の東京の建設会社から斉藤に実習希望の手紙を出したものの、一向に返事はこなかった。シビレを切らして出稼ぎが終わり、北海道に戻ると直ぐに斉藤を訪ねた。すると斉藤からは、「返事がなくても来るようでないと本気ではない」と言われ、直ぐに吉川を受け入れてくれた。吉川は斉藤牧場で必死に働く中で、清水町酪農家の橋本晃明のNZ研修旅行のレポートを読み、穀物無しの放牧酪農が実践されているのを知る。そこで、1993年秋、東京の出稼ぎの際にNZ研修旅行を企画した(株)サージミヤワキの宮脇豊社長を訪ねた。宮脇は、『ローコストデーリィング』の著者であったボーン・ジョーンズを紹介してくれた。吉川は、1994年５月に東京での建設会社の出稼ぎが終わると、６月にNZのボーンを訪問した。ボーンは吉川の話を聞くと直ぐに、ワイカト・ポリテク（職業専門学校）の酪農の教授であったクライブ・ドルトンのところに連れて行った。吉川が「酪農の勉強がしたい」と言うと、面接が始まり、その場で「12月に学校が始まるからNZに来い」という返事をもらった。吉川は帰国すると直ぐにビザを取り、８月にNZに渡り酪農の勉強と実践がスタートした。

牧場から職業専門学校に通う

NZに渡った吉川は、生活費を稼ぐためにボーンからタウポ（北島中央部に位置する最大の湖に面する町）のトーマス牧場（搾乳牛400頭、120ha）を紹介され、８月からファームハンズ（お手伝い）として働き始めるが、一月でクビになった。

そこで、次は観光地でもあるロトルアのバーディ牧場（150頭、64ha）で働き始める。ここで２か月働くものの、12月ワイカト・ポリテク入学を機にワイカト地方の中心都市ハミルトンの郊外のオハウポのデュベス牧場(200頭、70ha）に移り卒業までの半年間を働いた。同牧場の責任者であるアラン・アームストロングという20歳の青年に吉川は雇われることになった。アランはワイカト・ポリテクを首席で卒業し、シェアミルカーのワンステップ前のポジションのコントラクトミルカー（乳牛は持たない牧場運営者）であった。吉川は20歳の青年に雇われたことで、「NZでは実力がものをいう社会である」ということを認識する。

毎朝、搾乳が終了すると９時半に学校に行き、また午後３時半には戻って搾乳を行う生活が続いた。半年間のコース（20人二クラス40人）を1995年６月に首席で卒業すると、ハミルトン郊外のケンブリッジのマイヤー牧場（320頭、140ha）で初めて責任のあるハードマネージャー（牛群管理者）に採用される。さらに96年６月には近くのモリンズビルという町のローチ牧場(290頭、80ha）でアシスタントハードマネージャーとして採用され、97年６月にはNZの最大都市オークランド近郊ドゥルーリーのロクストン牧場（156頭、84ha）で牧場経営を任させるファームマネージャーとして採用された。吉川はそこを１人で管理し、土日は搾乳だけの作業であった。休みは２～３週間に２日であった。また、分娩期の子牛の哺乳は農場主が行った。吉川の牧場での役割は、限られた草地から最大の生乳生産を上げることであった。そのため、放牧地の約30牧区の状態を絶えず把握し、毎日牧草の伸びが最も良い牧区に搾乳牛を放すことであった（**写真**）。

四輪バギーで放牧地を見回る吉川友二（当時32歳）

生乳生産のピークが終わった１月の吉川の仕事は、朝夕の搾乳、牧区の見回り以外は、午前９時から午後４時までは吉川の自由裁量の時間であった。こうして吉川は、NZ酪農の責任のある仕事と余裕のある牧場生活を経験した。（注：NZでの吉川の経歴は荒木著『世界を制覇するニュージーランド酪農』で紹介）

帰国後入植地を探し足寄町に

NZの牧場を任されていた吉川の所に多くの日本人が視察に訪れた。吉川は、「何故、日本で放牧をやらないのか」、「日本の酪農を変えることができるのではないか」という気持ちが高まり帰国を決意する。丁度、1997年に吉川を訪問した（株）アレフの社長庄司昭夫（故人）と知り合い、98年７月に帰国すると、アレフが運営する牧場の「牧家」で働くことになる。しかし、吉川は、「自分の財布でないと好きなことができない」と痛感し新規就農を目指し、翌年、候補地の選定にとりかかった。吉川は旭川市の斉藤牧場を拠点に道内の酪農地域を巡るなか、以前NZを訪れた佐藤智好がいる足寄町を秋に訪問した。そこで放牧研究会会長の佐藤のほか、副会長の黒田正義、開協の坂本秀文、町役場の櫻井光雄と昼食を取り、離農予定の牧場があることを紹介された。その牧場主の木下利夫は、当時腰を痛め、草地の管理作業はコントラクターに委託し、乾草の販売をしていた。また、２人いた息子も他の職業に就き後を継がない状況にあった。木下牧場との出会いは偶然が重なった。木下は吉川と同じ長野県人であったことから話が合った。また、木下の息子は農業改良普及員で吉川が働いていた斉藤牧場で旧知の仲であった。

吉川は斉藤牧場に戻り、さらに道内各地の新規就農の牧場を見て回った。木下の土地価格は、十勝地域にあったことからやや高く吉川は躊躇した。しかし、中標津の三友盛行（元酪農家）に相談すると、「値段で決めたらだめだ、借金は返せるから自己表現できる（自分の気に入った）牧場でなければだめだ」とアドバイスをしてくれた。木下牧場は65ha近い面積が一つのまとまっており、放牧酪農には理想的であると吉川は気に入っていたことから、購入を決意した。

子牛の放牧で荒地が蘇える

2000年６月、吉川は足寄町に引っ越してくるとサブヘルパーとして働き始めた。同時に吉川は木下から耕作放棄地になっていた急傾斜地と湿地の11.5haを借り受け、離乳子牛を30頭買い、そこに放した。まず、耕作放棄地に張ってあったバラ線を撤去し、電気牧柵を張った。電源は、中古のソーラーパネルを開協の坂本が調達してくれた。次に、水槽を設置した。もともと牧場内には水道管が走っていたが、１m80cmの深さに埋設されていた。吉川はそれを掘り当てると、業者に地上部への配管の立ち上げとメーター設置を頼んだ。耕作放棄地内の配管は自力で行った。

それから荒地の改良が始まった。**図2-2**の①、②、④は急傾斜地であり、③は湿地であった。①は萩の灌木と蕗が繁茂していた。オーチャードもあったが株化し、その周りは裸地であった。吉川は、最初は草刈り機でそれらを刈ったが、その後、育成牛を放したら自然に倒れた。②〜④も荒地で牧草は少なく肥料と牧草の種を播いた。もともと戦後開拓で草地造成が行われていたこともあって、牛を放すと自然と牧草が出てきた。吉川は「荒地が放牧によって草地化するのを見て放牧の凄さを日々体感した」と振り返る。

また、吉川は子牛の価値増殖にも目を見張った。調達した子牛は、口蹄疫の影響で乳牛個体の流通が制限され価格も17万円と安かった。吉川は子牛の

図 2-2　ありがとう牧場の圃場分布

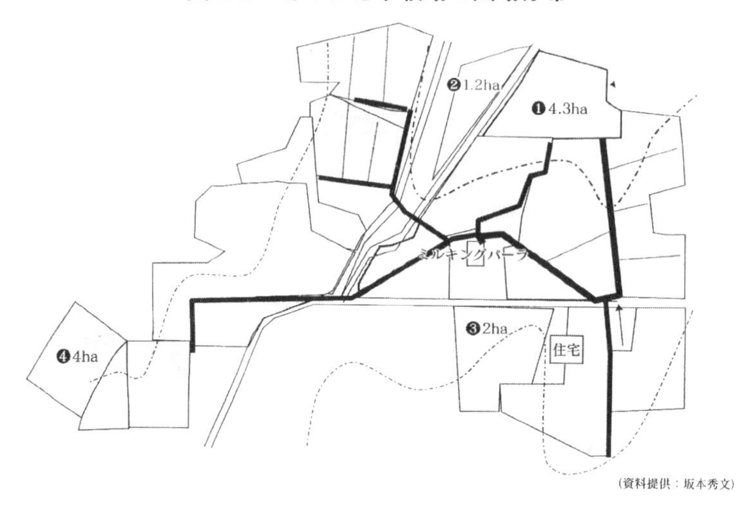

（資料提供：坂本秀文）

成長を見て、「１月に１万円ずつ資産価値が上がった。１月に30万円稼げた」と耕作放棄地を使った乳牛の育成の価値増殖を知った。

当時、吉川の面倒を見ていた開協の坂本は、耕作放棄地で子牛を育てる吉川を、「朝早くから働き、稼ぐ男だ」と町内で評判になったことを述懐する。

吉川は育成牛に授精をして、翌年からの営農に備えた。01年１月１日、吉川は木下の住宅に引っ越し、吉川牧場（お世話になった人々への感謝の意を込めて「ありがとう牧場」と命名）の建設が本格的にスタートした。

効率的なNZ型パーラを建設

酪農で最も多くの時間を割かれるのが搾乳である。吉川はNZで普及していた同じ型のミルキングパーラの建設を計画していた。開協の担当者は投資額を抑えるよう８頭ダブルを勧めたが、吉川を訪れたNZの知人から、「パーラはできるだけ大き

中央にミルカーがぶら下がり両側の乳牛の搾乳を交互に行うことができる

なものを作り、搾乳時間が短くなった分、家族との時間を多くした方が良い」というアドバイスを受けた。そこで、吉川は10頭ダブルのパーラを建設することにした。

表2-11　ありがとう牧場資産内訳

（万円）

区分	資産名	内訳	金額
譲渡資産	農地	64.5ha	3,580
	雑種地	宅地など	10
	建物	監視舎、D型ハウス	185
	機械	トラクター4台、ダンプ、ブロードキャスター、牧草調製機一式	330
	乳牛	経産牛41頭	938.5
	流動資産	肥料・飼料	140
	小計		5,184
新規投資	ミルキングパーラ		1,230
	同上整地		115
	同上カーテン		65.3
	同上三相工事		44
	ミルカー（中古）		380
	ビニールハウス牛舎		100
	廃液貯蔵施設	防水シートなど	65
	牧道建設	火山灰など	50
	小計		2,049
合計			7,233

資料：吉川友二提供

NZのパーラは、中央に垂れ下がったミルカーで両サイドの乳牛を搾るスイングオーバーと呼ばれている（**写真**）。このほうが半分のミルカーで費用が削減できるからである。吉川は、NZでこのパーラで150頭を一人で搾っていた。しかし、日本にはこの方式のパーラの情報はなかった。そこで、農業改良普及センターの職員にインターネットで図面を探してもらった。また、丁度この方式を採用した栃木県那須の酪農家の記事が雑誌で紹介されたことから参考にした。建設は地元の松川鉄工に頼んだ。ミルカーはデラバル社に中古を集めてもらい、380万円（中古バルククーラ込み）で設置した。その他、搾乳舎のための整地、各種工事を含めて総費用2,049万円であった。この中には近所の酪農家山下和洋の協力を得て100万円で作った厳寒期に全頭を収容するビニールハウス牛舎（５年に一度のビニールの補修が必要）も含まれる。また、パーラ排水浄化施設（ツーポンドシステム）は、漏水を防ぐため素掘りに防水シートを張った。

放牧地も独力で整備した。近くの離農予定の牧場から、鉄杭200本を無料で調達し、そこに碍子を取り付け、電気牧柵を張った。牧道は2002年に11トン車60台分の火山灰を搬入して作った。牧道など牧場の建設には実習生が大きく貢献した。

地区、開協総出で結婚式を祝う

結婚式で北大山スキー部から育成牛のプレゼント（提供：坂本秀文）

たくさんの実習生の食事をはじめ生活の面倒を見たのが妻の千枝であった。特に毎日の食事は手を抜かず、４人の子育てをする千枝には大変な負担であったが、千枝は愚痴一つこぼさず吉川を支えた。

千枝（旧姓地田）は、富山工業高等専門学校の教員で生物工学を教える傍ら、新潟大学の博士課程で研究も行っていた。学会で北大を訪れた時に、『農業を始める』という本を入手し、就農の意識が目覚めた。もともと千枝の将来の夢は「北海道で酪農をやることであった」と、結婚式のスピーチで中学時代の同級生が語っている。

千枝と吉川を結びつけたのは世話好きの関係者の働きがあった。足寄町での新規就農の条件は妻帯者であり、足寄町で働き始めた吉川は結婚を焦っていたし、周りも気を揉んでいた。吉川は、パートナーを確保すべく2000年夏に上士幌町のナイタイ高原でのテレビ番組「目撃ドキュン」という農業青年と都会女性の出会い番組に出演したものの、最終的には相手に断られた。しかし、その番組をたまたま見ていた北海道農業担い手センターの船本末雄がいた。船本の手には、酪農の体験実習を希望する千枝からの手紙があった。そこで、船本は足寄町茂喜登牛の酪農家、本間隆（故人）に実習の受け入れを頼んだ。千枝は休暇を利用して１週間滞在していた。本間は吉川に声をかけた、「イモ団子を作ったから食べに来い」。吉川は千枝が居るとも知らず、本間を訪れて千枝を見て、「あまりにも可愛くて美人だったのでびっくりした」と直ぐに気に入った。それからメールと手紙のやり取りが始まり、千枝が12月に再び訪れた時に結婚が決まった。吉川は翌年２月に富山の千枝の両親に挨拶に行って、３月４日に入籍し、５月19日に吉川牧場で結婚式が行われることになった。

まず、結婚式場の設置のため、放牧酪農研究会の農家を中心に吉川牧場にある沢山の廃屋の撤去作業が数日間かけて行われた。放牧酪農研究会のメンバーを中心に発起人が結成され、地区の酪農家と開協職員総出で会場設営と運営に当たった。千枝の友人をはじめ、富山、長野、東京などからかけつけた216名の参加者が２人を祝福した。地区の酪農家の代表として本間隆、木下優、長南慎一が挨拶し、続いて香川博彦町長、阿部正則開協組合長、仲野貞夫町農協組合長が祝辞を述べた。結婚式の様子を地元新聞も大きく取り上げた（「酪農の夢が縁結び―茂喜登牛の農場で挙式」十勝毎日新聞、2001年５月21日）。

バケット搾乳を実習生が助ける

ありがとう牧場には多くの実習生が訪れた。その第１号は酪農学園大学の筆者の研究室を卒業した渡邉耕治（2002年３月卒、現フタバ飼料株式会社常務取締役）であった。渡邉は草地酪農に興味を持ち、斉藤晶牧場（旭川市）でも実習を行っていた。渡邉は牧場建設にも貢献したが、最も貢献したのは搾乳作業であった。渡邉が４月上旬に牧場に来た時、吉川の季節分娩が２月から始まり、すでに吉川一人で搾っていた。本来であれば前年末にパーラは完成しているはずであったが、吉川の設計の遅れから冬に差し掛かったことから中断を余儀なくされ、まだ完成していなかった。そのため搾乳は、乾草舎であったD型ハウス内で吉川１人でバケットミルカーを使って搾り、１回につき120分かかっていた。そこに渡邉が加わったことで、搾乳作業は90分に軽減された。渡邉は「仕事は大変であった。朝の４～５時から夜の９～10時まで働いたことがあった。特に４頭ずつのバケット搾乳はきつかったが、仕事は面白かった」と当時を振り返る。

2002年７月26日、待望のミルキングパーラが完成し、バケット搾乳から解放された。搾乳時間はそれまでの１回120分から60分に激減した。

多くの「卒業生」を輩出

吉川は、毎年のように実習生を受け入れた。長期実習生は**表2-12**に示すように全国各地から訪れた。彼らの多くは新規就農希望者であり、そのうち7人が足寄町で就農した。足寄町の新規就農者17人の4割がありがとう牧場の「卒業生」で、私設の新規就農研修牧場になっている。新規就農をめざす長期の実習生は、開協や町に相談にくると開協職員や町農業振興室統括畜産コンサルトを勤めた坂本秀文（びびっど足寄町移住サポートセンター）が案内した。また、夏休みなどの短期実習生も毎年10名ほど面倒をみており、これまで200名を超えている。短期実習生は帯広畜産大学、酪農学園大学、北海道大学などの学生が長期休暇を利用して吉川牧場に居候をしたが、吉川は断ることなく全て受け入れた。多くの短期実習生はアルバイト目的ではなく、吉川の技術を学んで帰っていった。長期の新規就農を目指す実習生に、吉川は「ありがとう牧場の放牧技術は、自分でもできそうだ」という自信を付けさせた。

表2-12　長期実習生の出身と現在

	実習年次	出身県	現在
1	2002、04	岡山	飼料会社役員
2	2003	山梨	新規就農（足寄町）
3	2004	北海道	新規就農（標茶町）
4	2004	福岡	新規就農（中標津）
5	2005	北海道	実家就農（白糠）
6	2006	山梨	新規就農（足寄町）
7	2006	愛知	新規就農（足寄町）
8	2008	茨城	新規就農（天塩町）
9	2009	長野	チーズ工房開設（足寄町）
10	2010	東京	新規就農（足寄町）
11	2011～19	静岡	実習中（足寄・吉川牧場）
12	2012	長野	同上（No.9）
13	2013	滋賀	新規就農（足寄町）
14	2014	茨城	新規就農（足寄町）
15	2015	北海道	実家就農（標津）
16	2016～17	埼玉	新規就農（足寄町）
17	2018	島根	実習中（滝上）
18	2019	山形	実習中（足寄・吉川牧場）

注：聞き取りによる

チーズ加工　職人も育てる

実習生の中に特異な人物がいた。新得町の共働学舎から来たチーズ職人の本間幸雄（さちお）は、突然2008年夏に吉川牧場に現れた。本間の目的は、スイスの「グリュイエール」というチーズを作るため吉川の牛乳を試すためであった。本間は、吉川が搾乳している隣で、鍋に搾りたての牛乳を入れてカセットコンロで温めた。それから乳酸菌を混ぜて、レンネットで固めてカードを作り、ホエイを捨てて車で持ち帰った。本間が吉川にのちに語ったことは、車中に漂う香りがまるで違っていたそうである。グリュイエールチーズは放牧牛から搾られた牛乳が条件であった。

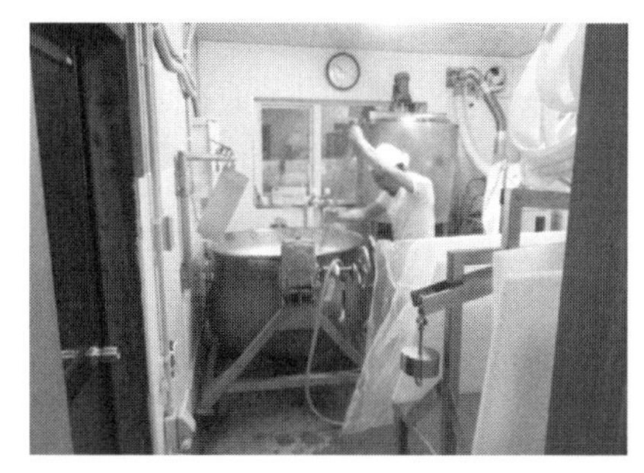
本間幸雄は日本ではあまり用いられない銅鍋でチーズづくりを行う

本間は長野県の農業高校を卒業すると、八ヶ岳中央農業実践大学校でチーズ作りを学び、山梨の乳業会社でチーズ作りを経験したあと新得町の共働学舎にやってきた。本間は、共働学舎で本格的にチーズ作りに取り組んだ。

本間は09年３月、共働学舎を辞めて、「放牧酪農を学びたい」とありがとう牧場に酪農の勉強に来た。そして年末には再び戻って、共働学舎の放牧酪農への転換を担った。

その後、吉川は本間にたまたま会った時に「チーズを作ってみないか」と声を掛け、本間はこれを受け入れて12年４月には再びありがとう牧場に来た。そして、13年５月にありがとう牧場の中で最も景観の良い場所に1,300万円をかけてチーズ工房「ありがとう牧場しあわせチーズ工房」が完成した。本間が作るチーズは評判が良く、引き合いも多くなった。吉川は「チーズ作りをするために生まれてきたような男だ」と評価した。16年１月に本間は独立して「しあわせチーズ工房」に名称を変更した。本間は2017年にオールジャパンナチュラルチーズコンテストで優秀賞や他に数々の賞を受賞し吉川の評価を証明した。

一方、11年４月には北大山スキー部の宍倉優二が実習に訪れた。宍倉は年末まで働き、その後、共働学舎で２年間チーズ作りを経験したあと、ありがとう牧場に戻ってきた。乾乳期である冬休みは道内でブルーチーズを作っている工房を回り、またイギリスでも学んでブルーチーズを完成させた。吉川は札幌の菓子メーカーが吉川の牛乳を希望したことから15年10月に搾乳場の横に牛乳加工場を、翌年にはブルーチーズやソフトクリームミックスの製造施設を建設し、６次化へ本格的に取り組んだ。

チーズ加工がある酪農理想郷を

吉川がチーズ作りに熱をあげるのは、かつて訪れたスイスの山岳酪農が念頭にある。「自分が住む植坂集落はかつて37戸がいたが、今はわずか５戸である。スイスは小規模酪農で農村人口が維持されている。それはチーズの加工があるからだ」。吉川は、NZの最も合理的な酪農を実践しつつも、農村人口を抱えるスイスの酪農を理想としている。「これからの北海道の酪農民には心の豊かさが必要で、酪農文化を作ることが大事だ」、そのためには、国の補助金を「酪農文化創造のためにも使うべきだ」と強調する。

吉川の夢は、足寄町での新規就農を呼び込むと同時にチーズ加工も盛んにして農村人口を増やすことである。自分の牧場の発展とともに地域の発展や世界の環境問題も常に頭から離れることはない。

妻の一言で季節分娩を決断

吉川は、はじめから季節分娩に取り組むことを決めていた訳ではなかった。多額の借金を抱えており、一日も早く搾りたかった。吉川夫妻の仲人を務めた酪農家の本間隆（故人）からも「早く搾れ」と言われていた。しかし、入植時に育てた乳牛が2002年２月半ばから次々に分娩した。前年秋に完成予定だったミルキングパーラが、まだできておらずバケットでの搾乳を余儀なくされた。吉川は、「秋にパーラが完成していたら季節分娩はしなかった」と振り返る。７月にパーラは完成し搾乳は楽になったものの、年末、吉川は草架から落ちて怪我をし、搾乳ができなくなった。そのため、近所の山下牧場で働いていた実習生第１号の渡邉耕治に昼間の搾乳を頼んだ。「怪我のお蔭」で12月31日に全ての牛を乾乳にした。03年末、吉川はそのまま搾乳を続けるかどうか迷っていた。その時、妻千枝が「冬の間無理して搾っても量も少ないし大した儲けにならないからゆっくりしたら」と吉川の体を気遣ったことで決心がついた。現在も12月末の乾乳に合わない牛が20～25%出ているが、それらは10～12月に市場に出荷している。

季節分娩は作業を集中させ作業効率を向上

日本では、季節分娩は春先に分娩が集中することで作業が大変になると思われている。しかし、NZは全ての農場で季節分娩を行っている。吉川牧場では分娩の80%が３月、20%が４月に集中している。基本的には分娩介護は行っていないが、出産の見回りが数頭まとまって管理できるから楽である。**図2-3**は、吉川の年間の作業時間をみたものである。１～２月は搾乳作業がないため作業時間は少ないが、３月は分娩後の牛の搾乳と給餌、糞出し、ベッドメイクの作業が出てきて忙しくなる。そのため、吉川は３月初めからゴールデンウィークまでは搾乳回数を朝の１回のみにしている。５～10月の夏期は放牧を行うことで畜舎作業の除糞・ベッドメイクなどがなくなり作業時間が少なくなる一方、乾草収穫や牛追い、簡易牧柵管理などの草地管理のほか、発情管理、人工授精が日常作業となる。乾草調製、繁殖管理を放牧による省力化でカバーしている。個体乳量が少なくなる11月半ばから年末までは

図2-3　月別作業時間

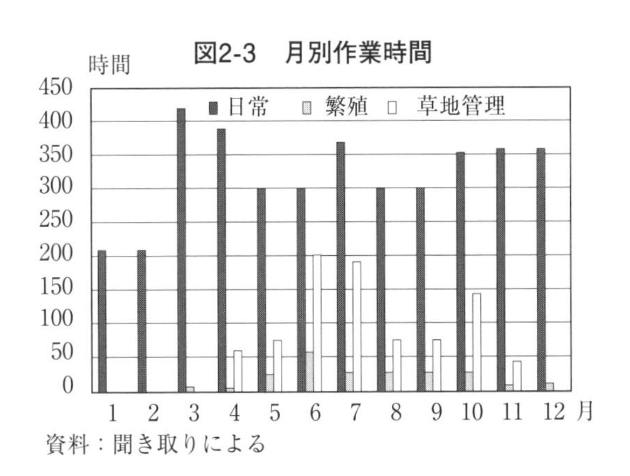

資料：聞き取りによる

１日１回搾乳となり作業も楽になる。

吉川は、繁殖時期を集中させることで「繁殖管理が楽になり、受胎率の把握など繁殖意識が高まる」とメリットを認識している。また、分娩後の子牛の発育ステージが一緒のため、哺育の群管理ができ、「育成も月齢が揃うことで食い負けすることがない」と評価する。

以上のように、季節分娩は作業の集中化によって作業効率を高める一方、家族労働でも長期休暇を可能にする。

土地の特性に合った草地管理

吉川は４月の終わりから放牧を始める。その後、採草を行う兼用地には放牧はせず、７月中旬から下旬に１番牧草を、８月中旬に２番牧草をそれぞれ収穫する（18年は雨のため収穫が遅れ、１番は７月中旬、２番は９月中旬となった）。**表2-13**にみるように約88haある草地を、３～５haずつ25牧区に分けている。それらの牧区をさらにポリワイヤーで約１haに区切り放牧を行う。そこに搾乳後の牛を放すため１日２牧区が必要となる。搾乳後は必ず新しい牧区に放すことにしているため、昼間と夜間の牧区を用意する。新しい牧区を用意するのは、牛が古い草地（既に放した草地）を嫌うためである。以前、３日間利用の中牧区を設定したものの、搾乳後の牛がパーラから草地に行きたがらなく牛追いに１時間ほどかかったことがあった。今は、空腹の牛が勝手に放牧地に帰っていくため楽である。**表2-13**の利用形態の欄に明記したが、夜用牧区は、傾斜のきつい放牧にしか利用できない圃場に設定している。それらの草地はマニュアスプレーッダで堆肥散布ができないことから、夜に多く排泄をする習性がある牛に“散布”してもらっている。

放牧の１巡目は、４月下旬から約１haの区画で行い、２巡目以降は１牧区0.5～0.7ha区画で５月20日頃から、３巡目は６月10日頃から、４巡目は７月下旬から行う。１巡の間隔はほぼ20日間である。２巡目の放牧を終えた圃場では掃除刈りを行い、次の放牧のための栄養価の高い草を新しく用意する。９月以降の５巡目以降は草の伸び遅くなるため、短草（20cm）利用から中

表 2-13　圃場毎の放牧日付と乾草ロール収穫個数

番号	面積	利用形態	1巡目		2巡目	3巡目	4巡目	5巡目	6巡目	7巡目	
			4	5	6	7	8	9	10	11	12
1	4.5	兼用	23－26	－	－	採 49R	－	採 22R	17－20、27	－	
2	3.5	兼用	27－29	－	－	採 32R	－	採 10R	15－17	－	
3	3	放牧		10	6－9、12、14C	13－15	－	15、17－18	5－6、9	－	5－6
4	5	兼用		7－9	－	採 50R	－	採 24R	6－10	－	
5	4	兼用		4－6	－	採 35R	－	採 18R	6	－	
6	3.5	夜放牧		2－3	6、8、12、14C	11－15	14－18	29－30	1、4－5、9、12	－	
7	1.5	放牧	30	－	1、3、5、7、10C	16－17	子 9	子 22	－	29	3
8	2	放牧		1	3、4、9、?、20	子 28	10－11	－	－	－	
9	1.5	夜放牧	30	12－14	14－18、23	19－25	28－31	1	11－15	12、15－18、10 子	
10	2	夜放牧		17	19－23	26－29	－	2－4、7	24－29 子	4	
11	1	夜放牧		16	11－12、14C	16、18、19	19－120	－	12、13－27 子	－	
12	5.8	兼用		13－16	－	採 30R	－	採 14R	－	10－12	
13	2	兼用		11－12	20C	採 17R	－	採 9R	－	8－10	
14	1.5	放牧		14	15	21－22	30－31	－	13－14	－	
15	3	兼用		9－10	－	採 23R	22－25	22－25	1－4	－	
16	4.4	兼用		1－3、9、11	－	採 36R	25－29	25－29	31	1－5	
17	1.5	放牧		17	13、19、21C	23－24	1、2	1－2	20－21	－	
18	4	放牧		17－19	21－30	26－31	1	3－9	22－25	－	
19	1.5	放牧		17	－	－	－	16－18	30－31	－	
20	4.5	夜放牧		22－24	－	－	－	10－15	25－29	－	
21	5	夜放牧		19－21	23－28	23－28C	1－3	8－12	－	21	
22	13	放牧		12－17	24、28－29	2、4、6、9	12、16－17、20、28、31	6、12、13、18、20、28、28－30	1－12、15、16、19、21、28－29、31	5、7、9	
23	9	放牧		26－31	1、2、29－30	1－10、9C	14、16	20－28	－	16	
24	1	放牧		30	子 16C	－	19－20	－	27	5 子	
25	0.5	パドック		－	－	－	－	－	－	－	

資料：吉川牧場作業図から作成。数字は各月の日付。数字末の C＝掃除刈り。子＝子牛

草（30cm）利用に切り替え、放牧の間隔を長くすることで、草を伸ばして草量を確保する。また、１番牧草のみ収穫する兼用地も採草後、放牧までの期間を長くして草量を確保する。

季節分娩で夏季に９割を搾る

季節分娩の最大の目的は、牧草から最大の乳量を生産することである。吉川牧場では、**図2-4**に見るように３月から12月までの10か月の生産期間の中で、本格的放牧を行う５～10月の生産乳量（ここでは乳代）は、全体の89％を占めている。また、給与飼料の経済効果を示す乳飼比（購入配合飼料費÷乳代）は年間で11％であり、放牧草が最も伸びる６月は4.5％という驚異的な低さで集約放牧の効果を示している。放牧期間の飼料給与量は３kg（道産粉砕コーン1.5kg、ビートパルプ1.5kgの混合飼料）で、放牧草がなくなるため11月、12月は給与量は６kg（配合３kg、ビートパルプ３kgの混合飼料）と倍増する。

こうした集約放牧の効果によって吉川牧場の収益は順調に伸長してきた。**図2-5**は生乳生産を始めた02年以降の経営収支の推移を見たものである。６年目で農業所得１千万円を突破している。16年には1,700万円を実現している。

すでに入植時に借りた新規就農支援資金の返還（毎年333万円）は終了し

図 2-4　季節繁殖の経営収支（2018）

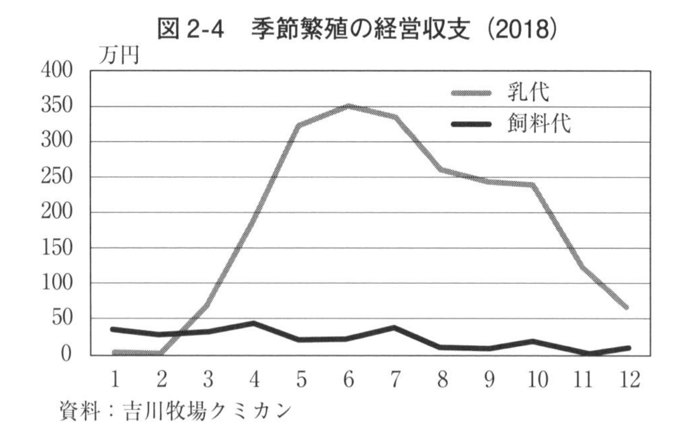

資料：吉川牧場クミカン

図 2-5　経営収支の推移

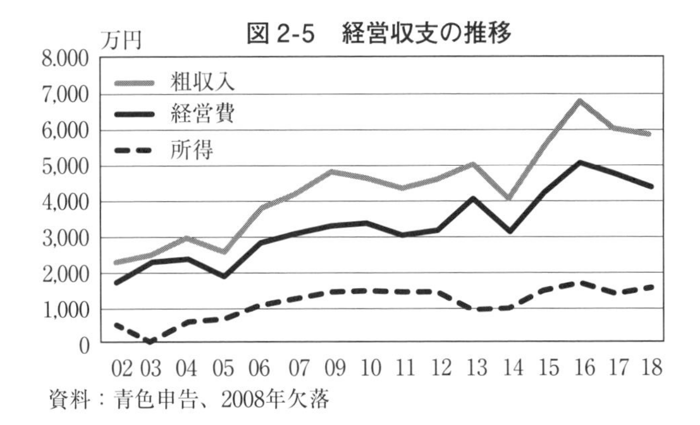

資料：青色申告、2008年欠落

たことから経済的に余裕が出ており、償還分は実習生を増やして支払い労賃に宛て、生活重視の酪農経営を行っている。

北海道で識者が放牧や季節分娩を否定する。「北海道は冬の積雪があるから放牧は難しい」と主張するが、「放牧をしない」言い訳に過ぎないことを吉川の実践が示している。

家族旅行を可能にする季節分娩

季節分娩の効果は、２か月間の冬休みを可能にしていることである。吉川は、年が明けると子供達の冬休みを利用して、国内旅行に連れて行くことにしている。ただ、単なる観光旅行ではなく、自転車でツーリングをしながら子供達の体を鍛えるとともに、府県の伝統や歴史を学びながら、人との出会いを大切にしている。吉川は子供のころから自転車で日本一周を夢見ていた。その夢がやっと叶い、子供達との旅となっている。これまで、数年かけて沖縄、九州、四国をそれぞれ一周した。ここ３年は大阪府から兵庫、広島県、山口県、島根県な

山口県の海岸で。次男､仁里（ひとり）（左）と三男、光里（ひかり）（提供：吉川友二）

どを訪れている（**写真**）。ただ、子供達は、中学生になって部活動などが忙しくなると行かなくなる。すでに、長男は数年前に“卒業”している。家族がいない間は実習生が乾乳牛、育成牛の管理をしている。この時期に吉川は年間の牧場の運営計画をたて、千枝も青色申告のための決算書の作成を行うなど経営管理の時間が確保される。

乳製品の店舗販売で地域おこし

吉川牧場は新たな取り組みを次々に行っている。すでに紹介したように、13年に敷地内にチーズ工房を作りチーズ職人を16年に独立させている。また、15年には牛乳加工場をつくり、牛乳、ソフトクリームミックス、ブルーチーズを作ってきた。牛乳は、足寄町の道の駅で売られ、帯広市内のホテル、名古屋の生協にも出している。量がまだ少なく、吉川は「消費者に放牧酪農を応援してもらうための宣伝」と位置付けているものの、函館のレストランも３年前から採用するなど吉川牧場の牛乳の需要が徐々に広がっている。また、ソフトクリームミックスも東京の専門店で使用されている。

需要の増加は品質の良さにある。18年、配合飼料を道産の子実とうもろこしに変えることで道産飼料100％を達成した。それらの飼料と放牧草を給与した放牧牛に疾病がほとんど見られない。放牧の牛乳は舎飼いの牛乳と乳成分が異なっており、良質な餌と健康な牛が生み出す牛乳の品質の高さが評価されてきている。

19年５月に千枝は足寄町の道の駅に他二人の新規就農者の女性を含む７人の女性とともに店を開いた。そこではソフトクリーム、コーヒーのほか、仲間が作った小物など売られている。吉川の酪農文化を創造するという夢の一つであった「酪農家の妻も自由に活動ができる酪農」がここでも実現している。

第5節　シンプルな放牧で高い生産性と豊かな農村生活を実現

デンマークでの実習で合理的な考えを学ぶ

北野紘平（こうへい37歳）、明起（あき38歳）の牧場は足寄町西部の茂喜登牛にある。農地は62ha（採草地18ha、放牧地15ha、兼用地29ha）のなだらかな傾斜地にある経産牛42頭、育成牛14頭の比較的小さな牧場である。北野夫妻がこの地に入植したのは2012年4月である。

大阪から訪ねて来た父勝康（まさやす68歳）と北野夫妻、のどか（11歳）、丈地（じょうじ8歳）、さくら（5歳）と住宅前で。

北野も明起も帯広畜産大学の同級生である。北野は大阪府の出身で、畜産に興味があり農業高校を希望したものの、建設会社の技師であった父親から反対され普通高校に進学した。しかし、畜産への夢が諦めきれず帯畜大に進学する。明起は岡山県出身で、動物が好きで帯畜大に入学した。

北野は家畜栄養学研究室に所属しアイスホッケー部で活躍した。明起は家畜肥育学研究室に所属し、バスケット部に入部し北野と体育会系の集まりで知り合った。

北野が、新規就農を決めたのは大学2年生の夏の3週間の実習の時であった。十勝南部、広尾町で放牧酪農を実践している新規就農者が生き生きと暮らしているのを見て、「サラリーマン家庭で育った自分でも酪農ができる」と知ったからだ。

そこで04年4月、北野は大学卒業後、国際農業者交流協会の事業でデンマークの酪農場で1年間実習を行った。その農場で北野は、搾乳牛80頭のフリーストール牛舎で8頭ダブルのパーラで搾乳した。すでにデンマークでは家畜福祉の観点から繋ぎ飼いは減っていた。夏期は、デントコーンと併給で中牧区の放牧が行われていた。北野は住み込みの実習を行ったことで、デンマークのワーク・ライフバランスを考えた生活に刺激を受けた。作業は、搾乳、育成、哺育を経営主と２人で行った。経営主の妻は作業に加わることはなく別の職業に就いていた。牧草やトウモロコシの収穫作業はコントラクターに委託していた。１日の作業は８時間で、土、日は隔週で休日は経営主と交代で取っており、経営主が休日の時は１人で作業を行った。経営主から「効率よく働きなさい」と言われ、常に工夫をする毎日であった。

大学校での教員生活を経て入植

05年３月に帰国後、しばらくして岡山県酪農協の酪農ヘルパーとして瀬戸内海の地区を担当していた時に、中国四国酪農大学校職員の声がかかり、翌年の４月から大学校の職員になった。付属農場で働きながら「搾乳理論」「飼料作物」を教えた。広島県で働いていた明起と07年３月に結婚した。

北野は、就農地をどこにするか迷っていた。本州は乳価が高く年間放牧が可能であったが、大学時代を過ごし広い農地が確保できる十勝を選んだ。大学の同級生で足寄町にすでに就農した友人を訪ねた時、北野は足寄町の風景が気に入った。友人から勧められ役場を訪れた。対応したのは新規就農者受け入れ担当の坂本秀文であった。北野と明起は足寄での生活について何度も坂本と電話やメールで連絡をとり、坂本からは、現実と理想のギャップや新規就農者の心得など厳しい助言をしてくれた。そして親身に相談に乗ってくれ、住居の手配などの準備を進めてくれた。足寄町に転入前、北野と明起は町役場を訪ねたが、坂本は「一歳の子供を抱えた明起は不安げな様子であった」と当時を思い出す。事実、明起は足寄町での入植は不安で一杯であった。

２年間の実習を経て新規就農

坂本から紹介されたのは佐藤廣市、弘子親子の集約放牧の牧場であった。ここで２年間働き、農家の心得を学んだ。住宅は、町が芽登に新たに建てた研修施設で、そこから佐藤牧場に通った。研修施設には、新規就農を目指す仲間がおり、また同じ子育ての世代であったことから、次第に明起の不安も解消され、就農の気持ちも高まった。

実習をしながら就農先を探したが、2010年12月末、坂本が町内の離農物件の情報を持ってきた。譲渡者の後継者は他産業に就職し就農の意思はなかった。牧場の立地条件は、比較的低地にあったことと南西向き傾斜で地温が高く、小豆などの作物栽培が可能であった。離農地を訪れた北野は、農地が一つにまとまっていることと家の前の楡の大木が気に入った。さらに、運良く同じ時期に離農した隣接地の農地と機械一式も入手できた。

牧場の取得額は、農地35.86ha、2,556万円、宅地・山林14.49ha、110万円、他建物、牛舎50万円、住宅（築40年）50万円、総額2,766万円であった。その他、乳牛24頭、962万円、農業機械688万円、パイプラインやバルククーラーの設置604万円、堆肥舎、給餌場、水飲み場の工事405万円、電気牧柵86万円の計2,745万円が加わり、総計5,511万円であった。その後、乾乳舎（256万円）、車庫（248万円）、パドック整備（200万円）が新たに加わっているが、年間の建物の減価償却費は50万1,000円で、機械は０円である。

北野は農場取得のための資金として町の営農実習奨励金と北海道からの就農支援資金をそれぞれ月15万円受け取ったが、貯蓄できた金額はわずかであった。そこで、北海道の就農施設等資金2,600万円を借り入れ、農地は北海道農業開発公社から５年リース後、スーパーＬ資金1,500万円を借りて農地を取得した。

牛が草地を作る

離農地は、経営主が離農して20年経ち、隣家の酪農家が１番草のみを収穫していたが、肥料は撒いていなかった。そのため、北野は就農後、採草地（18ha）には化学肥料と古い堆肥を播いた。放牧専用地には倉庫に残されていた溶燐を播いたことで草に勢いが出てきた。その後、中山間地域の補助金を使って炭カル（炭酸カルシウム）を散布した。現在、兼用地には堆厩肥と化学肥料（BB555）を20kg/10a散布する程度である。堆厩肥は、これまで春に圃場に持って行き秋に散布していたが、現在は、切り返しを行いながら１年間寝かせて完熟堆肥にしてから翌年散布している。

草種はオーチャード主体に、チモシー、白クローバー、ペレニアルライグラス、ケンタッキーブルーグラスなど多種である。シバ草などの雑草はあるが裸地はなく、短草利用のため草の密度が濃い。

放牧方式は定置放牧で、放牧開始は、４月下旬に放牧地（15ha）、兼用地（29ha）すべてを開放し、放牧地の隅の２～３か所の草架にロールサイレージを置く。青草に牛が慣れていないためだ。草架は、固定するとその周辺が泥濘化するため毎日動かす。兼用地では、連休前に草地が乾き畑に入れるようになってから堆厩肥の散布を行う。５月上旬に肥料散布を行い、５月半ばからスプリングフラッシュに合わせて簡易牧柵で仕切り、牛が行かないようにする。放牧面積を狭め、放牧圧を高めて不足気味の状態にして牧草を徹底的に食べさせる。草に余裕が出てくると育成牛を放牧する。

北野はできるだけ青草で搾るため、兼用地での２番草は収穫をしない。秋遅くまで放牧できるようにするためだ。８月に放牧地の草が足りなくなると兼用地の仕切りを外し、放牧地を広げる。９月からは秋の草になり嗜好性が良くなる。タンパク質が少なくなり、エネルギー成分が増えるためだ。草が足りない場合はパドックの草架でラップサイレージを給与する。

牛は放牧地の隅々まで回り食べ残すことはなく、掃除刈りは不要である。糞の分解も穀物の給与量が少ないため早く、牧草の生育の邪魔にないならない。秋には牛が食べてくれるため食べ残しはない。北野は牧草のタンパクとエネルギーのバランスが大事で、そのためには堆厩肥を主体に化学肥料は控えるようにしている。そのほうが牛の嗜好性が高まるからだ。季節ごとに牛の嗜好性が変化する中、いかに牛に青草を食べさせるかを念頭に置いているが、最終的には牛に任せている。北野の草地づくりは「牛による草地改良」である。

放牧草主体で乳飼比12.3%

現在の１日の給与飼料の内訳は、大麦ミックス（大麦95%）３kgとビートパルプ３kgの混合飼料である。もともとトウモロコシを給与していたが、遺伝子組換え作物を使いたくなくて、代用として17年夏から大麦に転換した。大麦のメリットは、繊維分が豊富なこと、年間の価格の変動が少ないことである。飼料会社にこれらを混合したものをタンクに入れてもらい、年間を通して朝３kg、夕方３kg給与している。

2018年の購入飼料費は、**図2-6**にみるように毎月20～30万円である。一方、乳代（補給金等含む）は冬季は150万円前後であるが、７、８月は300万円を超える。そのため、年間の乳飼比（補給金等は含まない）は12.3%と北海道30～50頭規模の47%に比べ低くなっており、草地を活用した極めて生産性の高い酪農が実践されている。

図2-6　乳代と飼料代の推移

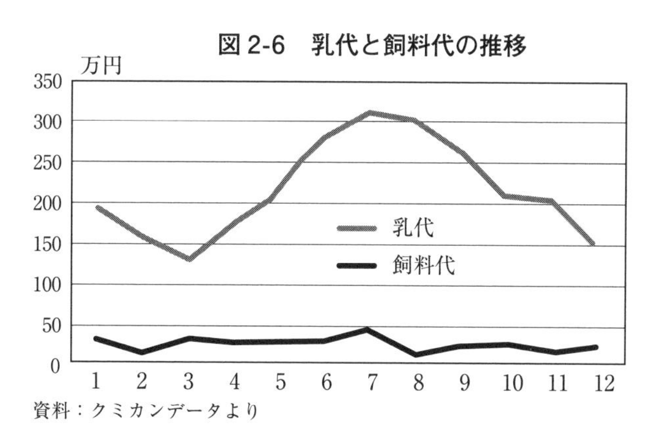

資料：クミカンデータより

作業を効率良く行う

牛舎作業は、パイプラインミルカーでの搾乳、一輪車での給餌と糞出しのためやや作業時間がかかっている。夏期の午前は北野が4:00～7:00に牛追い、搾乳、除糞などを行い、明起は4:00～6:00に牛追い、哺乳、搾乳補助を行う。

午後は同じく北野が15:30～18:30、明起は16:30～18:00で作業を行う。冬は牛追いがなくなる分30分遅い開始時間になるが、午後は舎飼いのため糞出しなど北野の作業時間が30分増える。家事は明起が１日４～５時間で北野も１時間ほど手伝う。日常管理に牧草収穫調製時間を加えた年間の作業時間は、5,030時間で、北海道の同規模（搾乳牛30～50頭、2017年）の6,456時間よりも22％少ない。年に５～10日ほどヘルパーを取って休日を取り、子供達と遊びに行く。

北野は、毎日の作業が程々に楽だったら休まなくても良いと考え、日々のルーチンワークをいかに効率よく楽しく行うかを心掛けている。そのため１回搾乳に興味を持っている。また、牛を長持ちさせていくことを考えている。

経済変動に強い経営構造と農村生活

北野牧場の営農開始は12年４月であり、同年と２年目の所得は赤字であった。しかし、**図2-7**に見るように、３年目の14年には624万円、15年には928万円を達成し、わずか入植後４年で１千万円弱の所得を達成できたことから、北野は酪農経営に自信をもった。それは、「生活費を上回る所得を確保して貯金もできてきた」こと、酪農技術についても「疾病が少なくなり、かつ飼料生産も安定してきた」ためである。その後、16年には1,368万円、17年に

図 2-7　経営収支の推移

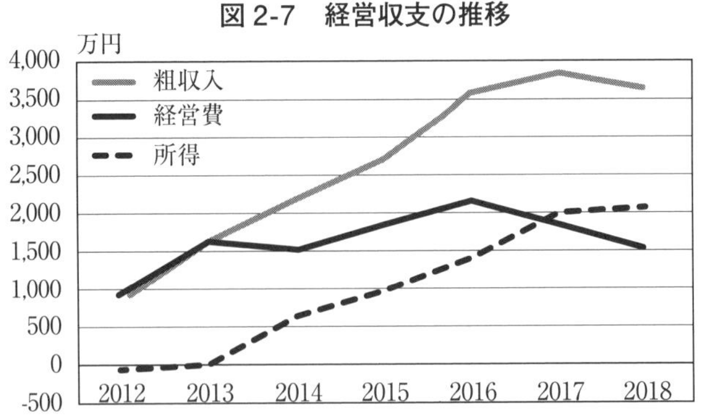

資料：各年次青色申告決算書

表 2-14　北野牧場と北海道 30～50 頭規模との比較

（万円）

		北野牧場	北海道 30～50 頭
粗収入	生乳	2,979	2,963
	個体販売	540	1,177
	他		293
	計	3,520	4,482
経営費	飼料費	605	1,051
	肥料費	51	151
	農薬衛生費	124	148
	動力光熱費	107	96
	賃借料・小作料	129	250
	減価償却費	646	676
	租税公課	86	144
	共済掛金	0	109
	他	405	599
	計	2,153	3,224
農業所得		1,367	1,258

資料：2016 年青色申告決算書、「営農類型別統計」
注：道 30～50 頭規模の搾乳牛頭数は 43.4 頭

は1,958万円、18年には2,081万円の所得を確保している。

しかし、15年以降は酪農バブルで個体価格が高騰していることが要因としてあり、17年の全道酪農家の平均所得でも2,500万円に達している。そのため、酪農バブルが崩壊した時の所得の確保が心配になる。

そこで、2016年の北野牧場の経営構造を北海道30～50頭規模層（搾乳牛43.4頭）と比較したのが**表2-14**である。粗収入は、北野牧場が3,520万円に対し、北海道は4,482万円と１千万円近く上回っている。内訳は北野牧場が生乳2,979万円、個体販売・他が540万円に対し、北海道は、それぞれ2,963万円と1,470万円で、個体販売・他の差が粗収入全体の差となっている。一方、農業経営費は北野牧場の2,153万円に対し北海道は3,224万円と１千万円以上多い。そのため農業所得は、北野牧場が1,367万円で北海道の1,258万円を上回り、粗収益での大差は解消されている。北野牧場の農業経営費が北海道に比べ少ない理由は、飼料費で446万円、肥料費で100万円、賃借料・小作料で124万円、共済掛金で約109万円、他で194万円、それぞれ少ないことによる。

そこで外部経済の変動による試算を行うと、北野牧場は個体価格・他が50％減少しても農業所得は1,097万円であるが、北海道は個体販売の50％減で農業所得は670万円となり大きく落ち込む。北野牧場の低投入型放牧経営は、酪農バブル崩壊で個体価格が下落しても、その影響は少ないと言えよう。

北野は足寄新規就農の会の行事には明起を伴って必ず参加している。その他北野は足寄町放牧酪農振興会の役員をしている。明起は町の道の駅で７人の仲間（酪農家４人、市街在住３人）で運営する乳製品販売所「カフェ研」で、手作りの羊毛製品などを販売するなど、地域の人達と一緒に活動し地域に溶け込むよう努めている。新規就農を通してお世話になった人々に感謝しているからだ。

北野夫妻は、十勝の中心地帯広に比べ「春はゆっくり、冬は早くやってくる」足寄の中山間地の美しい自然の中で、放牧酪農を楽しみながら家族と過ごす豊かな農村生活に満足している。

第６節　集約放牧・季節分娩でメリハリのある農村生活

北大に進学し酪農実習を経験

2010年１月、田中淳一（45）と妻愛実（まなみ、45歳）は、生まれたばかりの長女愛子を抱え足寄町芽登の雪の中の小さな牧場の前に立っていた。田中は長かった実習生の生活を感慨深く振り返っていた。田中が新規就農を目指してから実に20年の歳月が経っていたからだ。

田中淳一・愛実夫妻と長女愛子（11）、長男孝志朗（こうしろう、６歳）。自宅横の放牧地入口で

田中は東京都町田市のサラリーマン家庭に育った。酪農とは何も縁はなかったが、高校生の時に「将来は北海道で牛でも飼おうか」と漠然と考えていた。進学を控えて、「どうせ北海道に行くなら北海道大学だ」と北大農学部を選んだ。農業経済学科に進んだことから、比較的時間に余裕があった。そこで、夏休みなどを使って道内各地で酪農実習を行った。たまたま実習先でアメリカ酪農の話を聞いたことで興味を持ち、１年間休学してアメリカ北部、５大湖に面するウィスコン州東部のバロンという町の経産牛80頭規模の酪農場で働いた。田中にとっては言葉の壁を乗り越え、異国の地で生活するという「人生修行」でもあった。

人生ではじめて挫折感を味わう

1999年３月、大学を卒業すると卒論の調査で知り合った酪農家から十勝管内清水町にある竹中牧場を紹介され１年契約で働いた。田中は酪農の仕事を行ううちに、「酪農経営を行うためには幅広い社会経験が必要ではないか」と考えるようになり、北大の先輩で帯広市の酪農家に相談した。そこで同市の家具屋を紹介され、２年間の約束で働き、流通業の仕組みやサラリーマン社会の厳しさも分かった。その後、清水町の放牧酪農家やメガファームで働いた。しかし当時、田中は辛い出来事が重なっていた時期でもあり仕事に前向きになっていなかったことからミスを繰り返し、その度に社長に叱られた。田中はとうとう心が折れ、15歳の時から目標であった酪農を諦めようと思った。人生で初めて挫折感を味わった。

それでもメガファームに勤めながら、田中は自分の失敗の経験をこれからの若者に伝えることができないかと思った。そこで、指導的な立場にある団体の職員を希望し、採用が決まりかけていた。その時、北大恵迪寮の先輩が、足寄町の吉川友二を紹介してくれた。吉川に愚痴を聞いてもらうと同時に、NZの放牧酪農の話を聞いた。この時、田中は、はっと気が付いた。「くよくよしてもしようがない。NZに行ってみよう。人生リセットだ」と急に気持ちが軽くなった。「新たな道が開けてきた」と思い、直ぐに札幌の（公社）国際農業者交流協会を訪ね、NZでの就労の手続きを申請した。

NZで人間性回復

田中は、2005年６月にNZに向った。就労先は、NZの最大の酪農地帯であるワイカト地域の中心都市ハミルトン郊外のマタマタという町にあるタイラー牧場であった。搾乳牛450頭を、ヘリンボーンパーラを使い、田中のほかワーカー１人と牧場主の３人で３時間かけて搾った。２人の時はきつかったが、３人の時は楽だった。田中はワーカーに誘われ、レジャーボートで遊び、仲間と一緒に良く酒も飲んだ。また、牧場主は１週間から10日間の休暇を度々くれたので、田中は観光や山登りを楽しんだ。日本から来た田中の仕事ぶりは、NZ人から見ると勤勉な働き者であった。そのため、06年６月の帰国の際には、「もう１年いないか」と言われ悩んだ。

田中にとってNZは「夢のような１年」であった。日本での辛い経験で挫折感を味わったものの、NZの人々の親切な対応ですっかり「人間性が回復した」。そして、「自分の人生に追い風が吹いてきた」と感じ、「何をやってもうまく行くような気がした」。日本で再び酪農に挑戦しようという意欲が湧いてきた。田中は帰国を決意した。

帰国後３年で新規就農

日本に帰国すると、すぐに十勝地域の農協を回り実習先を探した。足寄町を訪れると、町職員の坂本秀文（現びびっど足寄町移住サポートセンター）が対応してくれ、直ぐに佐藤廣市・弘子牧場に連れって行ってくれた。田中はNZの集約放牧を実践する佐藤牧場が気に入り、ここで３年４か月働くことになる。

しかし、足寄町での新規就農の条件は妻帯者であることだった。たまたま、新潟市の友人の結婚式に出た田中は、新婦の友人の愛実に出会った。愛実は東京で酒類販売の仕事をしていた。そこで二人はメールを交換し理解を深めた。07年３月に愛実は田中が働く佐藤牧場を訪ねた。愛実は生まれて初めて見る沢山の牛に不安になったが、牧場から見る足寄の景色が気に入った。新潟の実家では「田中が新規就農希望であること、北海道では簡単に帰ってこられないだろう」と心配したが、愛実の決心を渋々認めてくれた。愛実は田中と結婚し、子供も生まれ３年の歳月が流れるうちに多くの人と知り合い、「自分の人生で足寄は住むには良い場所だ」と足寄町を永住の地と思うようになっていた。

二人は教員住宅や新規就農者研修センターで暮らしながら佐藤牧場に通い実習に励んだ。研修センターでは新規就農をめざす仲間が就農の順番待ちであった。たまたま、それまで離農を考えていなかった牧場の話を坂本が持ってきた。田中が希望していた面積よりは22.6ha（うち借地3.8ha）と小さかったが自分が思い描く酪農ができると直感した。農地が１か所にまとまっておりNZ式の集約放牧には最適だったからだ。また、芽登市街に近かったことから生活も便利であった。農地1,500万円、宅地・山林など200万円、建物・住宅580万円、機械441万円、計2,721万円で取得した。これに加え、営農を始めるために乳牛1,000万円、牛舎設備など720万円、電気牧柵90万円、堆肥舎743万円、計2,553万円を投資した。総額5,274万円に対し、自己資金のほか就農施設等資金、新規就農定着促進事業（800万円までの投資額の半額補助）、スーパーL資金で賄った。

牛の観察に基づいた飼料給与

田中はNZでの経験を生かし集約放牧を実践している。放牧地は、全部で5牧区（3.4ha、7.5ha、1.7ha、2.3ha、5.8ha）の外周は頑丈な電気牧柵を設置し、このうち7.5haを3牧区にして5つの放牧地と2つの兼用地として利用している。水槽は各牧区に最低1か所設置し、簡易牧柵で区切っても必ず水が飲めるような区切りにしている。牧道（50m）は火山灰を敷いて作った。

放牧の方法は、4月下旬から牛舎に隣接した3.4haの牧区で草架を置いて馴らし放牧を行う。5月中旬以降、日中放牧から昼夜放牧に移行し、放牧地をポリワイヤー（簡易牧柵）で34牧区に区切り、それぞれ搾乳後の昼と夜の半日放牧を行う。兼用地の一つの5.8haは2番草収穫後、他の3.0haは3番草収穫後、それぞれ放牧を行う。

9月半ばまでの4か月間は放牧草のみで、それ以降は放牧草が不足するため、牛舎で夕方に乾草を給与する。10月上旬からは日中放牧に移行し、1牧区の面積を広げて14牧区とし、1日1牧区のローテーションで残っている牧草を食べさせる。

農地面積が22.6haと少ないことから牧草（乾草、ラップサイレージ）を年間約300本（約400万円）購入し、乾草はふんだんに給与している。

飼料は、ルーサンペレット、圧ぺんコーン、ビートパルプ、市販配合飼料の4種の混合で、飼料会社が調合したものを季節によって配合割合を変えたものを使う。春の分娩後は混合飼料を少しずつ増やし、経産牛は7～8kg、初産牛は6kgまで増やす。5月中旬から9月中旬までの放牧最盛期には朝晩各1kgずつ給与し、それ以降は少しずつ増量し1日5kg程度まで増やす。これらは、あくまでも基準で、①牛の腹の状態（丸くなっているか）、②草の伸び具合、③牛舎に入ってくる時のスピード、④配合の「がっつき」具合など、牛の様子を見ながら給与量を調整している。

高品質の生乳を生産

田中牧場の体細胞数は、**表2-15**にみるように2019年10月時では、５万8,000/mlで町平均26万6,000/mlをはるかに下回っている。田中が生乳の品質（特に体細胞数）を高めるため、①前搾りを確実に行うなど搾乳手順は教科書どおり行う、②牛にストレスを与えない、③牛床を清潔にする、④泌乳量は無理をしない、などを励行している。

さらに繁殖成績も優れている。分娩間隔は12.3か月（町平均14.4か月）、受精回数1.6回（同2.6回）、初産分娩月齢24.1か月（同26.5ヵ月）と町平均を上回る。その他、経産牛の初回受胎率は60％を超えている。

田中は、子供が自家産の牛乳を飲んで「おいしい」と評価してくれることで、「乳質が高いことが生産者の誇りだ」という気概を持って酪農に取り組んでいる。

表2-15　牛群診断情報における田中牧場の位置（2019年10月）

対象		田中牧場	足寄町平均
経産牛（頭）（過去１年平均）		31	68
技術数値	乳量（kg）	20.3	28
	乳脂肪（％）	4.14	3.76
	乳蛋白（％）	3.3	3.34
	体細胞（千/ml）	58	266
	空胎日数（日）	94	159
	分娩間隔（月）	12.3	14.4
	受精回数（回）	1.6	2.6
	初産分娩月齢（月）	24.1	25.2
	除籍率（年％）	6.5	26.5

資料：十勝酪農畜産物生産履歴システム「牛群診断情報」

季節繁殖技術の完成で所得が上向く

田中のNZ型放牧の柱の一つは、季節繁殖である。入植当初から季節繁殖に取り組み、季節繁殖の技術が確立するまで５年かかった。分娩時期は、２月下旬から４月一杯を理想としているが、５月に入る年もある。春分娩に備えて、12月10日前後くらいで１日１回搾乳にし、年末の25～27日の集乳日に合わせて一斉に乾乳にする。年末に受胎していない牛や４月末までに分娩しない牛は、年齢に関係なく12月の市場で販売する。2018年の入れ替えは32頭中６頭で18.8％であった。

田中は、「季節繁殖は儲からない」としながらも、そのメリットを認識している。「１年が終わる時に搾乳作業がなくなり、心の余裕が出てくることで１年を振り返ることができる」からだ。また「妻は新潟に帰省できるし、子供達とスキー旅行に行くこともできる」など１年の生活にゆとりとメリハリができることである。

２月末から分娩が集中すると「体がクタクタになる」ものの、愛実は「哺乳子牛の生育ステージが同じであることから管理がしやすく、経産牛の繁殖も発情が見つけやすい」など作業上のメリットを認識している。

これまで、田中は分娩時期が外れた乳量の高い牛も販売してきたことで所得が伸び悩んできた。「今、考えれば無茶なことをした」と思っている。**図2-8**は、営農を始めた10年以降の経営収支の推移を見たものである。15年に粗収入が大幅に増えたことで、それまで200～300万円で停滞していた農業所得は800万円を突破する。生乳生産量も180トンに増えた。その後は700～800

図 2-8　入植後の経営収支と生産乳量の推移

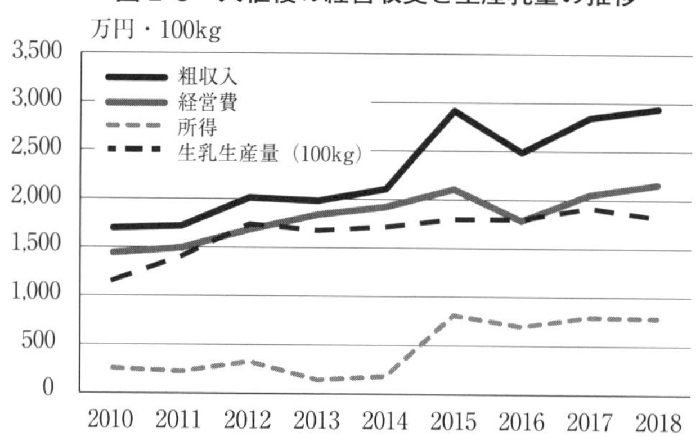

万円で推移する。所得が伸びた要因として、「個体販売が増加したことと、季節繁殖を軸に牧場全体がうまく回り出した」と分析している。田中は入植10年目にして新規就農に成功したと思った。しかし、「飼養体系としては完成したものの、中身の習熟度はまだまだ」と考えている。愛実も「これで満足という年はなかった」と気を抜いていない。

現在、田中は足寄町放牧酪農振興会の会長として、足寄町放牧酪農ネットワーク交流会などの企画運営を行っている。愛実は足寄町道の駅で乳製品販売所「カフェ研」を７人の仲間で運営するなど積極的に地域活動に参加している。またチーズの試作にもチャレンジし、いつかはチーズ工房を作りたいと夢見ている。足寄町芽登の豊かな自然の中の小さな牧場は、田中が20年の歳月を経てたどり着いたデスティネーション（到着地）で、愛実とともに人生の花を咲かせようとしている。

第７節　大自然の中で牛と共に生きる

大阪の鉄道員から北海道をめざして

12月の牧場にて櫻井譲二・由香夫妻

足寄町から市街地と阿寒湖をむすぶ国道241号線を車で30分ほど走ると茂足寄（もあしょろ）という地区に櫻井譲二（51）と妻由香（55）の牧場がある。嵩上げした国道が牧場を突っ切っているため櫻井牧場の放牧風景が視野に入ってくる。国道が牧場を二分する不利な条件だが、櫻井はこれを上手に使っている。放牧地には自転車で国道を使って行くことにし、牛を追って帰ってくる。櫻井は「牧場の管理道路ですよ」と気にしていない。

櫻井夫妻がこの地に入植したのは2003年のことだ。離農者から居ぬきで牧場を引き継いだ。櫻井がこの地に辿りつくまでには紆余曲折と偶然があった。

櫻井は大阪府吹田市の出身で、1987年に高校を卒業すると地元の私鉄に入社した。改札業務などの業務を行う駅員として働くものの、もっと体を動かす仕事がしたかったことから、「この仕事は自分に向いてない」と思うようになった。

櫻井は旅行が好きで休みの日には50ccスクーターで全国を回り、特に北海道には７回も訪れた。最初は１度切りと思ったが不思議に北海道に足が向いた。冬に訪れたことがあり、片足を道路に着きながら３点支持で走ったこともあった。会社の上司から「お前は北海道に何かを探しに行っている」と言われたこともあった。92年の夏、摩周湖を訪れた櫻井は、１日牧場体験に参加し、牧場主から「また遊びに来たら寄りなさい」と言われた。秋に再び牧場を訪れた際、たまたま新規就農を目指す青年が相談にきており、その時初めて新規就農者向けの農場リース制度があることを知った。牧場主に相談すると酪農実習をすすめられた。会社を辞めるつもりでいたことから、「人生１年くらい北海道で住んでも良いであろう」と退職する決断をした。勤務先の駅長に言い出すのは勇気が要ったが、駅長からは「頑張ってこい」と励まされた。櫻井は会社で「先輩に世の中について教えてもらった」と、今でも感謝している。

櫻井は93年から弟子屈（てしかが）町の放牧を実践する渡辺牧場で３年半実習を行った。この間、２年を過ぎた頃、同町で酪農実習を行っていた広島県福山市出身の由香と知り合った。櫻井と由香は牧場を持つことで意気投合し結婚したいと思った。しかし、櫻井は「実習生の身で将来の保障がなかったため、どう由香の両親に説明したらよいか」悩んでいる時に由香が両親に手紙を書いた。両親から結婚を認める返事が返ってきて櫻井は驚いた。二人は96年結婚式を福山市で挙げた。櫻井は、今でも由香がどのような手紙を書いたのか読んでみたいと思っている。

入植地を探し足寄町に辿り着く

櫻井の両親は鹿児島県出身であったことから、鹿児島県で放牧酪農ができないかと酪農ヘルパーを務めながら３年間入植地を探した。しかし、条件の合う場所が見つからず、九州さらには西日本一帯も探したが見つからなかった。そこで、2000年から北海道で探すことにした。まず、以前から訪れてみたかった三友牧場（中標津町）を訪問し、三友盛行から「放牧をしたければ足寄町が良い」と勧められた。その後足寄町を訪問し、役場、農協を訪ねて話を聞いたが就農の決断までには至らなかった。浜中町、稚内市でそれぞれ３か月間実習を行った。稚内で実習中に足寄町から「候補地があるから見にこないか」という誘いを受け３つの農家を見て回ったが、道北の土地が安かったことから決断できずにいた。しばらくして町役場の農政係長であった櫻井光雄（現びびっどコラボレーション代表）から、「新規就農の募集をいったん閉じるから返事をくれ」という電話が来た。櫻井は慌てたが、それは櫻井光雄が櫻井に決断を迫る電話であったことが後でわかった。

そこで、櫻井夫妻は足寄町に移り、2000年12月10日から02年２月まで白糸地区の佐藤潤子牧場で実習に入った。01年の秋に、町役場の榊原武義（現、足寄町農業委員）と櫻井光雄が譲渡物件の話を持ってきた。最終的に櫻井がその物件の選択した理由は、第一に農地が一つにまとまっており放牧が可能であったこと、第二に居ぬきのため余計な投資が必要でなかったこと、第三に山に囲まれ茂足寄川が牧場内を流れるすばらしい景観に魅せられた、ことであった。

晴れて新規就農を実現

経営を引き継ぐため02年の５月から入植予定の菅野源一牧場で実習を行った。住宅は７km離れた上足寄の教員住宅から通ったため、子育て中の櫻井夫妻には大変であった。櫻井は03年１月に営農の引き継ぎを行ったが、住宅に入居できたのは同年12月であった。

櫻井夫妻は03年６月、農場リース事業制度を使って、19.5haの農場を総額4,665万円（うち補助970万円）で取得した。内訳は、農地1,456万円、建物・施設474万円（うち補助237万円)、機械1,307万円（うち補助488万円)、乳牛1,427万円（うち補助245万円）であった。その他、住宅が300万円であった。

取得のための資金は、自己資金800万円のほか、研修資金（据置９年)、就農準備資金（据置９年)、施設等資金（据置３年）の合計1,894万円と足寄町からの奨励金727万円（実習奨励金240万円、農業経営開始奨励金320万円、農地等借地料補助167万円）で賄った。これらの資金返済が終了する14年までは経営は厳しかった。

牛が牧草をフルに食べて放牧地を作る

櫻井牧場の草地面積は45haで、国道を挟んで南側に10.5ha、3.3ha、2.5haの放牧地と１haの兼用地、北側に5.5ha、1.5haの採草地、３haの放牧地、４

図 2-9　櫻井牧場の全体図

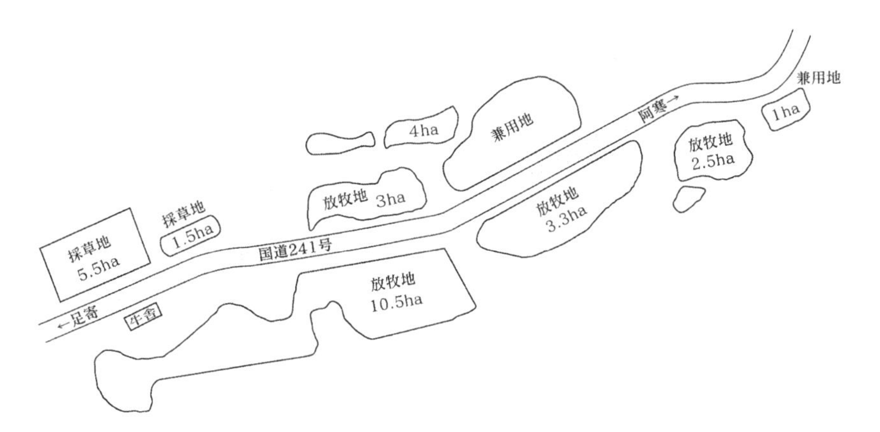

haの兼用地が国道に沿って位置する。そのほか、離れ地に7.5haと６haの採草地がある。これらの草地を縫うように小川が流れる複雑な地形のため、櫻井は牧区の設置に悩んだ。以前、実習先で牛の行動を無視した牧区の配置によって大変苦労した経験から、外柵のみ設置し牛の行動は自由にした。施肥は、最初は化学肥料を撒いたが４年で止めた。その理由は、以前読んだ福岡正信の「自然農法」の中で、「自然を良くわかっていないのに余計なことはしないほうがよい」という言葉が頭にあったからだ。

草の嗜好性は場所によって違ったため土壌分析を行ったが原因は不明であった。就農当初は、放牧開始が遅れたことから、窪地などで食べ残しがあり掃除刈りを行ったが、トラクターの刈取り時に糞が跳ねたりアブに刺されたり大変であった。そこで、春の放牧開始を早くし、併給飼料も少なくすることで食べ残しはなくなり、掃除刈りは不要になった。しかし、蹄病が多く発生したため、放牧地の面積を広げると蹄病は減少した。櫻井は放牧地の面積不足が原因でなかったかと思っている。

櫻井牧場の草丈は10〜20cmを保っており、これを見て「草がなくて可哀そう」と評価する近所の人がいた。しかし、櫻井は草の密度があるため不足することはないと思っている。

春先の草は嗜好性があり、牛は配合飼料よりも優先して食べる。「春は短いうちにできるだけ食べさせる。春の草は伸びたら食べないため、草の伸びとの競争になる。全頭数と面積（牧草量）の関係になる。できるだけムダ（食い残し）を減らしたい」というのが春先の放牧草利用の櫻井の考えである。ただ、牛が休む場所は糞をするため草が伸びてしまうが、こうした場所ができることは仕方がないと気にしてはいない。

兼用地は、6月下旬に採草して、乾草かラップサイレージにする。2～3週間後の7月中旬過ぎに放牧を行う。牛は好んでこの放牧地に行く。1度呼んで自分について行かせれば、その後は自分達で行くようになる。

放牧の時間帯は、5月上旬から日中放牧を行い、5月中旬から昼夜放牧を行う。10月中旬から日中放牧にし、11月上旬に終牧になる。現在、夏は配合飼料1kg、ビートパルプ3kg、冬は配合飼料4kg、ビートパルプ3kgである。配合飼料が少ないのは、牛の健康と放牧草をフルに食べてもらうことで放牧地を牛に作ってもらうためだ。

無理をしない経営でも所得は増大

櫻井は、家族にも牛にも、できるだけ負担をかけない経営を目指してきた。そのため、出荷乳量は200トン前後で推移し規模拡大は図っていない。18年の出荷乳量は190.5トンである。**図2-10**にみるように、粗収益は入植後の次の年の04年から2,500万円前後で推移してきたが、2015年から乳牛個体の価格が上昇したこともあり増え始め、最近は2,700～2,900万円になっている。一方、農業経営費は06年以降減少傾向にある。これは入植時に導入した農業機械の償却期間が終わり、減価償却費がそれまでの約500万円から約300万円に減少したことによる。さらに借地によって草地が増加したことで、年々配合飼料の量を減らしてきた。これにより、飼料費が14年の591万円をピークに年々減少し、18年には336万円と43％も減少している。その結果、農業所得は09年頃から徐々に増加し、16年には1千万円を突破し、17年には1,500万円に迫るまでになっている。

図 2-10　経営収支の推移

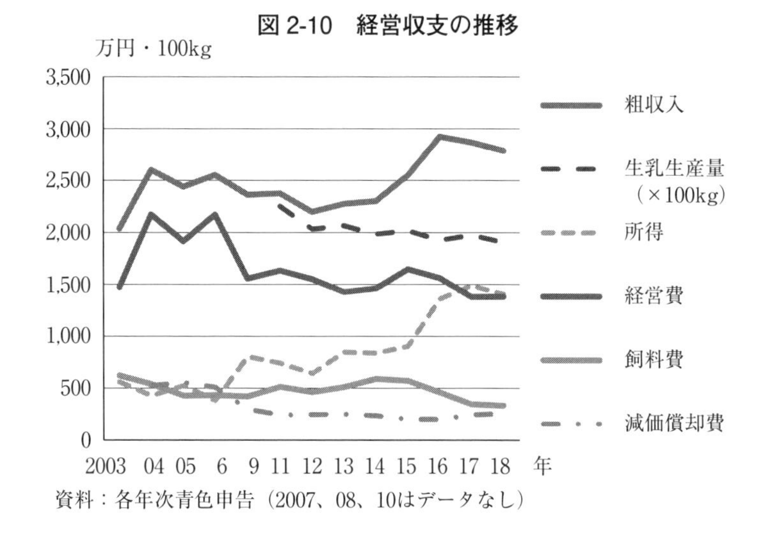

資料：各年次青色申告（2007、08、10はデータなし）

アブ対策で夜間放牧

櫻井夫妻は、牛の体調管理に気を使っている。そこで問題になったのは、夏場、アブが牛を刺しストレスを与えてきたことだ。これまで7月中旬から8月20日ぐらいまでは、放牧してもアブと暑さのために牛群は固まって動かなかった。また、これまで涼しくなる14時頃から動きだしていたが、それらの牛を搾乳のため牛舎に追い返すことがしばしばありかわいそうだと思っていた。そこで、19年からアブがいる昼間は放牧を避けて夜に出して牛のストレスを軽減させている。櫻井夫妻は、牛の幸せを念頭にできるだけ牛が自由に動けるようにし、冬季間も10時から午後の4時までパドックに放している。

櫻井夫妻には二人の息子がいるが、二人とも酪農とはまったく関係のない分野に進んでいるため、後継の期待は持っていない。しかし、19年には牛舎の屋根の改修を行い、新たな展開を考えている。自分達を受け入れてくれた北海道の多くの酪農家や地元の人々のように、若い世代の就農の手助けができないか模索している。

第８節　妻の産休で規模を縮小し豊かな家族生活

ヘルパー、実習を経験

安原隆史（42歳）と紗奈恵（42歳）は、38haの牧場（うち放牧地17.3ha、採草地16.1ha）で経産牛24頭と育成牛11頭を飼養している。安原夫妻が足寄町茂喜登牛に入植したのは2010年11月のことであった。しかし、安原がここまで辿り着くまでに、大学卒業後、実習に入ってから10年の歳月が流れていた。

安原は、大阪府堺市のサラリーマン家庭に生まれた。高校の普通科を卒業すると生物系の大学を目指し、網走市にある東京農業大学生物産業学部に入学した。ここで生物学の勉強をしたものの卒業後の進路は決まっていなかったことから、所属ゼミの教員が津別町の放牧酪農家を紹介してくれた。01年４月からの実習は、専任ヘルパーになるための準備期間であったが、放牧の勉強ができた。実習期間中は農協が主催する勉強会に参加するなど酪農の勉強に励んだ。この時知り合ったのが、将来の結婚相手の紗奈恵であった。

１年後、網走市酪農ヘルパー利用組合の職員になった。２年間の酪農ヘルパーの仕事を通して、様々なタイプの農家を知ることができたが放牧を取り入れている農家は少なかった。そこで、安原は本格的に放牧を学ぶため足寄町の放牧酪農家（佐藤弘子・廣市牧場）で実習に入った。２年間の実習を終えたところに新規就農の話が来た。紗奈恵の故郷の津別町からであった。１年間の牧場従事の後に譲渡という条件であった。しかし、運悪く生乳の生産調整と重なり、牧場取得資金の返済計画が立たなかったことから新規就農を断念し、置戸町の放牧酪農家で働くことになった。生活環境や労働環境が次々に変わる中、安原を支えたのは紗奈恵であった。

紗奈恵は津別町の酪農家で育った。小さい頃から牛舎で遊び、作業の手伝いを良くした。特に、トウモロコシの収穫は牧場の一大イベントで、両親、祖父と一緒にスタックサイロの踏み込みを手伝った。紗奈恵が中学生の時のある日、牛のお産が始まったが、家には家族は出かけていて居なかった。子牛が顔を出していなかったことから逆子であることがわかった。「直ぐにやらなくては」と覚悟を決めて、子牛を引っ張り出した。無事子牛の出産を終えた紗奈恵は、子牛の面倒を見ながら「牛はめんこいんだな」と酪農がすっかり好きになった。そこで、進学先は江別市にある酪農学園大学短期大学部を選んだ。1年生の後期試験が始まった時に父親から電話があった。母親が病気のため入院し、手助けが欲しいという内容であった。ゼミの教員に退学の意思を伝えたところ、休学という方法もあるというアドバイスを受け、休学の手続きを済ませると直ぐに家に戻った。家では高校生の弟と、中学生の妹の面倒を見ながら、家事と牛舎作業の手伝いを行った。休学中には短大の友人達が作業の手伝いに来てくれた。また、地域の人達も手伝いに来てくれた。弟が高校を卒業したことで、紗奈恵は大学に復学した。短大卒業後は、家の手伝いをしながら農協主催の勉強会にも参加し、そこで知り合ったのが安原であった。二人は、交際を続け06年11月に結婚式を挙げた。

好条件で農場資産を引き継ぐ

足寄町では、安原を受け入れた牧場の佐藤廣市が安原のことを心配し、津別町に安原の様子を見に来た。町役場の坂本秀文（現びびっど足寄町移住サポートセンター）も同行し、足寄町での就農を勧めた。安原と紗奈恵は07年4月に置戸の牧場に移り住んだものの09年9月に足寄町に移り、本格的な就農に取り組むため二つの牧場で実習を行った。その中の一つが、安原が受け継いだ池田賢治牧場であった。農場の譲渡を仲介した坂本は、「池田は安原に丁寧にト

新規就農対面式で池田賢治（左）と安原隆史（提供：坂本秀文）

ラクターの運転技術などを教えた。一方、作業の合間に弁当など持ってくるなど、紗奈恵の気配りに池田はすっかり安原夫妻が気に入った」と農場の譲渡が上手く行った要因を見ている。

10年10月、足寄町農業担い手育成センターの関係者が見守る中、池田と安原との間で農場譲渡の契約が結ばれた（**写真**）。農場価格2,677万円の内訳は、農地、山林および施設用地など36.6haの価格が1,543万円、建物・施設が279万円、農業機械755万円、住宅100万円であった。しかし、追加投資も必要であった。パイプラインミルカーの修繕やバーンクリーナーなどの購入と生乳処理室の補修に358万円、放牧地の電気牧柵に212万円、乳牛30頭の購入に1,200万円、離農者の牧草サイレージ350個に179万円、合計1,949万円を要し、総額4,626万円であった。

これに対し、安原が用意した資金の内訳は、自己資金300万円でしかなかったことから､残りは北海道担い手センターからの借り受け（就農支援資金）275万円、足寄町からの営農実習奨励金210万円、就農施設等資金の借り受け2,800万円、農地取得のためのスーパーＬ資金1,349万円の合計4,934万円で賄った。

安原夫妻は取得した農場に満足であった。放牧地が牛舎の周りに固まっていたこと、すべての機械の手入れが行き届いていたこと、住宅がしっかりしていたこと、など好条件に恵まれていたからだ。安原夫妻は、毎年冬になると帯広に住む池田のところに顔を出し、牧場の状況を報告している。

中牧区放牧で一人で作業

安原の酪農に対する考えは、「無理のない酪農」だ。５つの牧区（7.4ha、3.3ha、2.6ha、2.2ha、1.8ha）を使って２～３日のローテーションで放牧する中牧区放牧である。５月上旬から放牧を始める。昼夜放牧であるが、夏場は避陰林のある場所は日中に放牧し、それがない牧区は夜に放牧を行う。牧草の食べ残しがあってもそのままにし、掃除刈りは行わない。残っていても秋には食べるからだ。草種はチモシー、シバムギ、ケンタッキーで栄養価は高くない。そのため、配合飼料を夏季２kg、冬季３kg給与し、ビートパルプを通年３kg給与している。その他、ラップサイレージは自由採食にしている。今後、草地の改良をして配合飼料を減らそうと計画している。

草地への肥料などの投入は、採草地に化学肥料（BB122）を１番草に30g/10a、２番草には化学肥料（BB363）を15kg/10aと堆厩肥を散布している。その他、炭カルを採草地と放牧地に施用している。

毎日の牛舎作業（夏季）は、搾乳を主に朝５～８時、夕方17～20時に行っている。給餌は一輪車を使った手作業であるが、糞出しはバーンクリーナーを使っている。通常の作業時間は安原９時間、紗奈恵４時間であるが、現在は紗奈恵が育児に専念しているため安原１人で作業を行っている。

営農開始２年目から黒字経営

安原は、11年２月から搾乳を開始したが、搾乳牛が少なかったことからその年の生産乳量は133.5トンであった。**図2-11**に見るように徐々に生産乳量は増え14年の228.6トンに達し、その後、200トン前後で停滞している。

これと比例して農業粗収入も増加するが、**図2-12**に見るように最大になるのは15年の3,051万円である。一方、農業経営費を見ると生乳生産を開始した11年の1,897万円が最大で、年を経るにしたがって徐々に減少している通常の経営では見られない不思議な推移をみせている。

図 2-11　安原牧場の生乳生産量の推移

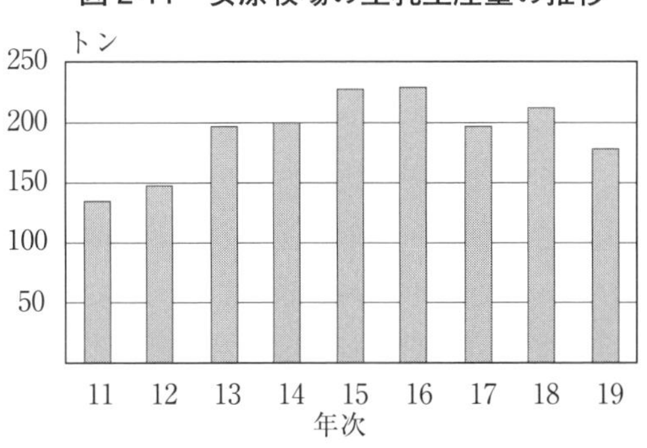

図2-12　経営収支の推移

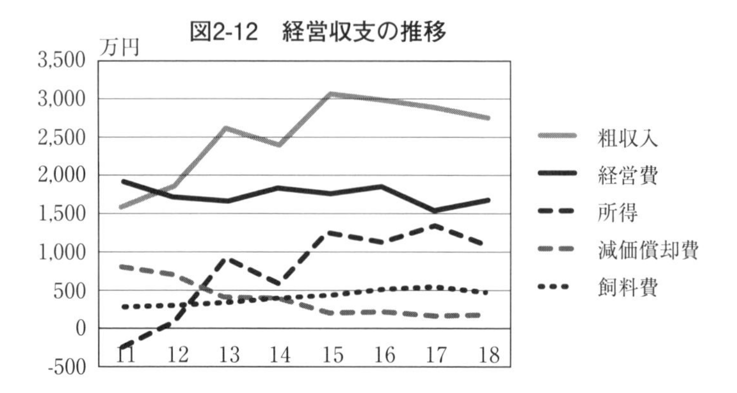

表 2-16　建物・機械・施設の取得価額と減価償却費

（万円）

区分	名称	取得年	価額	耐用年数	本年の償却費
建物	畜舎（D 型）	2010	50	2	0
	畜舎	2010	100	14	7.2
	堆肥舎	2010	176	2	13.5
	育成舎	2010	121	13	7.1
自走	トラクター	2010	60	2	0
	トラクター	2010	200	2	0
	パワーショベル	2010	10	2	0
運搬	ダンプ 2t	2010	22	2	0
	乗用車	2012	66	3	0
	乗用車	2018	115	3	25.6
付属機	牧草調製機一式	2010	295	2	0
	ブロードキャスター	2010	20	2	0
	マニュアスプレダー	2010	30	2	0
施設	パイプラインミルカー	2010	15	2	0
	バルククーラー	2010	30	2	0
	バーンクリーナー	2011	235	7	0
	搾乳機器	2011	72	7	0
	電気牧柵	2010	105	15	7
合計			1,722		60.4

資料：平成 30 年度所得税青色申告決算書

これは、安原が取得した建物、施設、機械の減価償却費の算定方法にある（**表2-16**）。譲渡機械の全てが、中古機械としての計算であるため、耐用年数は２年であったことから13年以降大幅に減少する。そのため、11年には805万円あった減価償却費は13年には430万円に半減する。その後、乳牛の減価償却費も長く飼うこと（４年以上）で計算対象外になり、一層減価償却費を少なくしている。18年については経産牛35頭のうち４割の14頭が７歳以上で減価償却費はゼロであり、その総額は155万円にまで減少している。

これらの結果、農業所得は生産開始初年目は282万円の赤字であったが、次の年から黒字に転じ、15年は1,315万円を確保している。その後も1,000万円以上の所得を実現している。

ただし、乳牛を長く飼うことは病気や事故が増えることになり、18年10月までの過去１年間の牛群検定での除籍牛９頭の原因は、乳房炎１頭（10歳７か月)、繁殖障害４頭（平均８歳７か月)、肢蹄病１頭（10歳９か月)、起立不能３頭（平均８歳１か月）とすべて高齢牛である。今後、乳牛の入れ替えが必要になってくるため減価償却費は増加するものと思われる。

妻の産休のため生産を縮小

高齢牛の起立不能など予想外の事故が発生したことで搾乳牛が減り、生産乳量も19年には178トンまで減少した。安原は、「こんなに減るとは思わなかった」と数値を見て気落ちしたものの、紗奈恵の出産が18年８月にあったことから、労働力が少なくなった分、「丁度よかった」と気を取り直している。安原一人でできる頭数になったからだ。

紗奈恵は、出産を機に牛舎作業から離れ、育児と習い事に通う２人の子供の送迎に専念している。紗奈恵は「ありがたい時間です」と安原に感謝している。紗奈恵が作業をしな

図 2-13 「サイロ」に掲載された「子牛のはな」

子牛のはな
3年　安原　大翔

ぼくが牛しゃに来たとき
はなが「ベーベー」と鳴く
ぼくには
「牛にゅうくれー　牛にゅうくれー」
と聞こえる
ぼくが牛にゅうを作ったら
はなはうれしそうに見える
飲みおわると
「まだのみたーい　まだのみたーい」
と聞こえる
バレーのれん習で
いないときもあるけれど
はなは
ぼくの顔をおぼえていてくれる
（足寄町）

リッチランド
RICH LAND

くなった分、長男の大翔（ひろと）が夏休みなど哺乳の手伝いを行っている。大翔は哺乳の手伝いを詩にし、昨年十勝の児童詩誌「サイロ」（NPO法人小田豊四郎記念基金発行）に掲載された。哺乳作業の手伝う中で牛の豊かな表情を見事に捉えた詩である。掲載された詩は、地元で販売されている菓子の包装にも採用された（**図2-13**　六花亭製菓（株）、「リッチランド」）

こうした詩を作れるのも安原夫妻が築いた家庭環境で伸び伸びと育ったおかげであろう。作業に無理をせず、日々の生活を穏やかに過ごして農村生活を満喫する家族の姿がそこにあった。

新規就農が農場資産を保全する

安原夫妻と長男大翔（ひろと）、長女彩夏（さやか）、次女綾乃（あやの）

安原牧場は、現在の標準的な酪農経営とは対照的な姿である。しかし、生活するには十分な所得を確保している。ちなみに16年の経営費で飼料費、減価償却費に次ぐ費目は租税公課であり172万円であった。社会からは酪農家は多額の補助金を貰っているのではないかと思われているかもしれないが、年間200トンの小生産規模の農家でも多額の税金を納めている。それを可能にしているのは、放牧による飼料費の少なさ、固定資産投資への少なさによる所得の高さにある。

固定資産投資を少なくしたのは前経営者（譲渡者）の善意による部分が大きい。今の北海道酪農は、毎年平均200戸の酪農家が離農している。しかし新規参入による就農はわずか平均20戸足らずである。それだけ離農に伴って建物、施設が放置され無駄になっている。補助金（国民の税金）が投入された固定資産が廃棄されることは社会的な損失でもある。その損失を回避するのが新規就農者であり、安原牧場はその好事例であろう。

第3部　放牧酪農は日本の未来を照らす

—SDGsの先進事例となる足寄町放牧酪農—

購入飼料費と自給飼料費の削減が成功のカギ

足寄町における放牧の成功は、２段階（２つの時代）に分けて考えることができる。第一段階は、国の集約放牧モデル事業の導入によって成果が短期間に現れたことである。**図3-1**にみるように、事業参加７戸の事業開始前の1996年と事業が完了する99年を比較すると、農業粗収入（平均）では2,782万円から2,927万円へ5.2％増加する一方、農業経営費（平均）は1,872万円から1,671万円へと10.7％に減少した。そのことで、営業利益（平均）は910万円から1,256万円へと38％増加し、その後やや減収になっている。（ただし、減価償却費は計上していない）。

農業経営費の減少の主な要因は、配合飼料費の減少である。１戸当たり配合飼料費は96年の643万円から99年には477万円へと166万円、25.2％減少した。一方、経産牛１頭当たりの個体乳量は96年の7,156kgから99年には7,344kgへと188kg、2.6％増加している。

また、配合飼料費が減少するだけでなく自給飼料費も減少した。７戸の中

図 3-1　集約放牧モデル事業（97-99）による経済効果

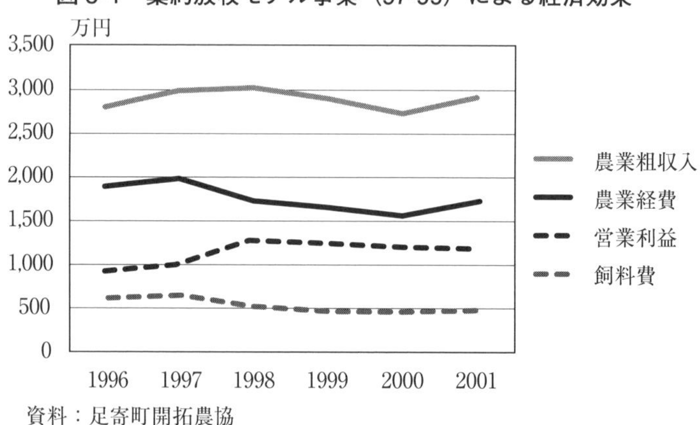

資料：足寄町開拓農協

図3-2　佐藤農場の経営収支の推移

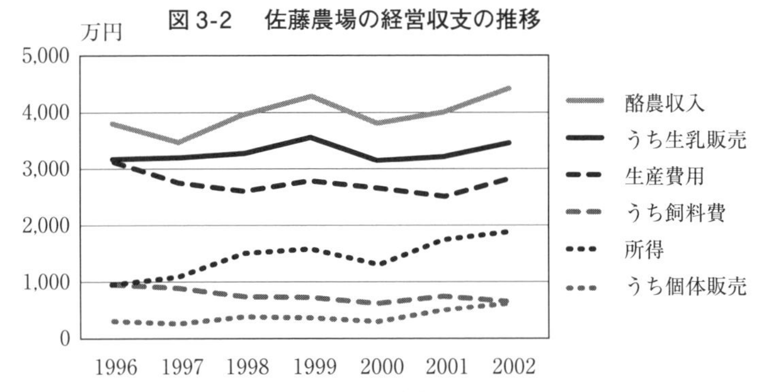

資料：「診断助言書」北海道酪農畜産協会

の黒田牧場の自給飼料生産の費用合計は、96年の662万円から457万円に減少し、さらに2006年には325万円へと半減している。その要因は、この間、肥料費の171万円から49万円、機械減価償却費の123万円から62万円、家族労働費の120万円から23万円へと、それぞれ減少したことによる。その結果、自給飼料TDN（可消化養分総量）1kg当たり生産コストは、41.1円から16.3円へと60％も減少している。

さらに、放牧によって乳牛の疾病が減少し、乳牛個体販売が増加したことで粗収入が増加したことがあげられる。

佐藤智好牧場の経営収支をみると、**図3-2**のようになり、粗収益では96年は3,787万円から2002年は4,452万円に増加するものの、生産費用は3,164万円から2,827万円に減少する。これは飼料費が952万円から615万円に減少したことが大きい。その結果、農業所得は888万円から1,902万円に倍増している。

粗収益のうち利益率の高い個体販売収入が300万円から640万円に倍増したことも所得増加の要因の一つになっている。ちなみに個体販売頭数は、96年は初生29頭、育成7頭であったが、2002年は初生32頭、育成11頭に増加している。

また佐藤牧場の産次数は、96年の2.68産から2002年には3.74産と40％伸びており、乳牛の寿命が個体販売収入をもたらしたものといえる。

新規就農者で農業所得率40%を実現

放牧酪農の成功の第二段階は、新規就農者の取り組みによるものである。**表3-1**は、これまで取り上げた５戸の新規就農者の経営数値と北海道の経営数値（平均）を比較したものである。北海道平均は生乳生産量638トン、経産牛頭数88頭、経営耕地面積62.7haであるが、それに比べ新規就農者群は、214トン（対北海道34%）、38.2頭（同43%）、49.6ha（同79%）と規模は小さい。

そのため、粗収入は、北海道平均9,401万円に比べ3,395万円（36%）と少なく、また農業経営費も北海道平均の7,353万円に比べ2,025万円（28%）と少ない。しかし、農業所得（税引き）は、５戸平均は粗収入に比べ農業経営費が相対的に少ないことから、北海道平均の1,695万円に比べ1,370万円（81%）と遜色のない水準になっている。これらの関係を示したのが**図3-3**である。新規就農者群の農業経営費の内訳は、北海道平均の飼料費2,368万円、減価

表 3-1　新規就農者牧場と北海道平均との経営比較

		①	②	③	④	⑤	平均	北海道
経営概況	生乳生産量（トン）	233	250	191	182	212	214	638
	経産牛頭数（頭）	61	42	33	31	24	38.2	88
	経営耕地面積（ha）	80	62	45	23	38	49.6	62.7
粗収入（万円）		4,841	3,623	2,787	2,941	2,783	3,395	9,401
経営費（万円）	飼料費	630	301	336	729	523	504	2,368
	肥料費		61	34	0	104		
	農薬衛生費	108	122	6	78	38	70	195
	動力光熱費	267	150	124	116	154	162	338
	諸材料	105	70		17	102	59	
	減価償却費	735	338	258	596	155	416	1,867
	雇用労働費	422	28	55	46	69	124	230
	農業共済掛金	0	0	14	17	31	12	221
	租税公課	176	127	120	86	83	118	354
	計	3,368	1,541	1,382	2,159	1,677	2,025	7,353
税引農業所得（万円）		1,473	2,083	1,405	782	1,106	1,370	1,695

資料：2018 年青色申告決算書、「営農類型別統計」平成 29 年～30 年『北海道農林水産統計年報』
北海道の経産牛頭数＝搾乳牛頭数 73.7×1.2＝88 頭である。
北海道の粗収入には農外所得および年金等の収入は含まない。租税公課諸負担を加えた。

償却費1,867万円、医薬・共済費（農薬衛生費＋農業共済掛金）549万円に対し、飼料費504万円（北海道平均の21％）、減価償却費416万円（同22％）、医薬・共済費82万円（同15％）と大幅に低くなっているためである。その結果、農業所得率は、北海道平均の18％に対し、新規就農者群は40％と高く効率的な経営が行われている。このうち②は、所得率57％と驚異的な数値を見せている。足寄町の新規就農者群は、低投入・高収益型の酪農経営を実現している。

図 3-3　北海道平均と新規放牧の収支構造

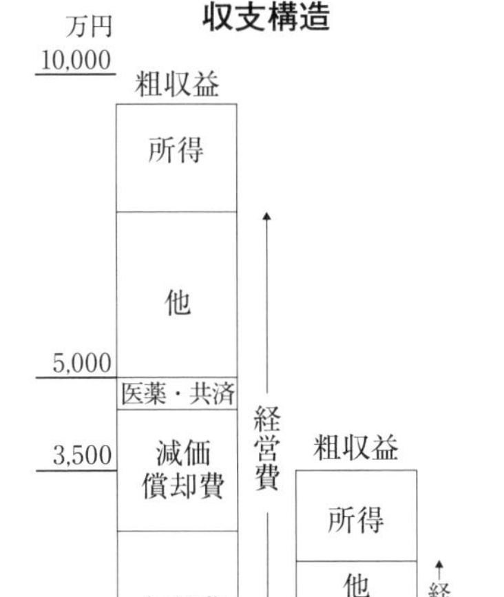

資料：表 3-1 から作成

国際競争に対抗できる新規就農酪農

さらに過去６年間の両者の比較を行ってみる。北海道は年々規模を拡大してきた。生乳生産量は、2012年の560トンから18年には638トンと78トン（14％）増えている。これに対し、新規就農者群（就農年次の新しい②〜⑤の４戸、①は加工が入ったことで外した）は175トンから209トンと34トン（19％）増えている。

経営収支の推移をみると、北海道平均は**図3-4**に見るように、粗収益は6,244万円から9,401万円と51％伸びている。これは、乳牛個体価格の高騰と乳価の上昇によるものである。また、農業経営費も5,395万円から7,353万円と36％増加しているが、飼料費、減価償却費の増加によるものである。その結果、税引所得は661万円から1,695万円と2.6倍になっている。

一方、新規就農者群は、**図3-5**にみるように粗収益は2015年以降2,800万〜3,100万円と頭打ちにあるが、農業経営費は15、16年の1,800万円台から18年には1,690万円と下がっている。その結果、税引所得は、12年の367万円から

図 3-4　北海道平均規模酪農の経済推移

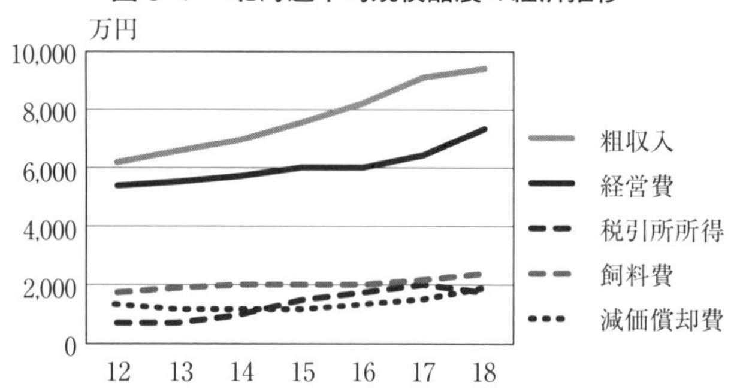

図3-5　新規就農放牧農家群の経済推移

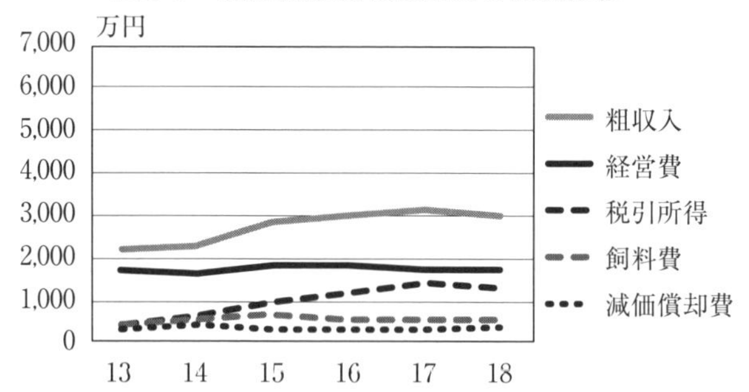

図 3-6　新規放牧と北海道平均の生乳生産コストの推移

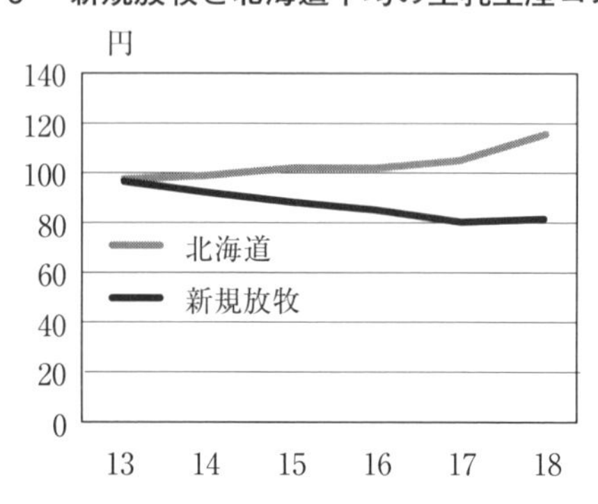

18年には1,344万円と3.7倍になっている。

一方、農業経営費を生産乳量で割った生産コスト（労働費などが含まれないため、正確なコストではない）を比較すると、**図3-6**のように北海道は

2013年の97.1円から18年には115.3円と19％増加しているが、新規就農者群は13年の96.5円から年々減少し、18年には81円と17％減少するという対照的な動きとなっている。「国際競争力」の観点からみると新規就農者群が時代に対応していると言えよう。

足寄町放牧酪農の成功要因

足寄町の放牧酪農の成功のメルクマール（評価指標）は次の４点にまとめることができる。第一に大幅な飼料費の削減で農家所得が向上したこと、第二に放牧酪農研究会のメンバーの後継者が戻ってきたこと、第三に新規就農者が増えたこと、その結果、第四に地域に子供達が増え、廃校寸前の小学校が持ち直したことである。

さらに成功要因は次の６点に要約できる。第一に放牧を推進したリーダーの存在、第二に放牧に理解を示した仲間たちの存在と活動（国のソフト事業がバックアップ）、第三に国の放牧補助事業を導入した町役場職員の存在、第四にそれを支えた放牧の研究者、役場、農協、農業改良普及センターの存在である。第五に多くの新規就農者を受け入れる態勢を作った町長をはじめとした町職員の努力があった。第六に放牧酪農家と成功した新規就農者が新たな新規就農者を育てるという“訓練システム”が機能したことである。

足寄町という中山間の条件不利地にあった酪農家の実践を町役場、農業改良普及センター、農協などの関係機関が一緒に考え、支え、様々なハードルを乗り越えてきたことが町の再生につながったと言えよう。

足寄町放牧酪農が日本酪農に示唆するもの

近年、国連が定めたSDGs（持続可能な開発目標）への取り組みに社会の関心が集まっている。これまで、酪農の世界では、黒澤酉蔵（酪農学園の創設者）の循環農法に代表されるように、「循環」と「持続性」は同じように考えられてきたことからSDGsは今に始まったことではない。持続性は、その年で活動が終わるのではなく、生産活動や社会活動が年々繰り返されると

図 3-7　酪農の再生産図

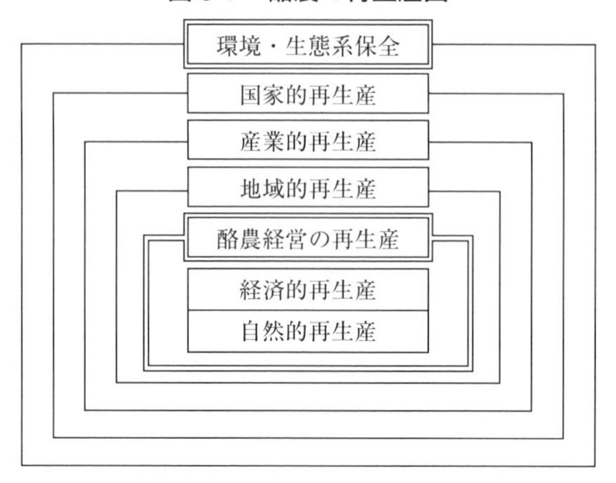

いう再生産が半永久的に続くことである。

そこで、再生産という観点から、足寄町の放牧酪農の意義について検討したい。再生産の構造を図3-7に示した。第一に牧草や牛の再生産である。昔から「よい土－よい草－よい牛」という言葉が使われてきた。良好な土壌が良好の草を育て、さらに良好な牛を育てるという意味で、土、草、牛の再生産、すなわち自然的再生産は酪農の基盤をなす。その有効な手段が放牧である。さらに、飼料費を削減し所得を高める経済的再生産の有効な手段でもある。

第二に酪農の家族経営が存続することである。息子（娘）が経営を継承し、嫁（婿）が来て家族が再生産されなければ経営的再生産は成立せず、酪農経営は存続しない。

第三に、酪農経営が地域社会で単独で成立することはできない。農協をはじめ様々な支援組織が不可欠であり、また社会生活を営む上でも学校、病院、商店、交通機関などの社会資本がなくなれば酪農は存続できない。また、離農を補充する新規就農者が地域社会を維持することになる。

第四に産業的再生産で、乳業メーカーや飼料メーカー、機械メーカーなど生産資材や生乳の加工、流通部門がなければ酪農は成立しない。

第五に酪農経営、酪農産業への支援、国土保全や防疫体制、貿易管理などの財政基盤の継続である国家的再生産も必要不可欠である。

以上のように、自然、経済、経営、地域、産業、国家のそれぞれの再生産が有機的に機能し、環境・生態系保全が図られてはじめて、酪農生産が持続的に展開することになる。

足寄町放牧酪農は、日本酪農のSDGsの模範的な事例となっており、これからの日本酪農の進むべき道を照らすことになるであろう。

あとがき

私が最初に足寄町を訪問したのは、ニュージーランドでの放牧酪農経営研究の留学を終えた1998年秋に足寄町放牧酪農研究会の学習会に呼ばれてからである。その後、集約放牧のモデル事業の成果の調査を行うとともに、ゼミ学生の農村調査実習の場として度々訪問した。いわば定点観測の地域になった。また、町が主催する「北海道放牧酪農ネットワーク交流会 in 足寄」に参加し、会のパネルディスカッションのコーディネーターを10年に亘り務めさせてもらった。

学生と行った農村調査実習は、2000年、2001年、2017年で、筆者の研究室の年次報告『北海道農業経営調査』に収録している。特に３回目の調査実習の成果は第２部の第２節、第３節に調査分析の成果を紹介している。農村調査実習は、学生がそれぞれ農家を訪問し、聞き取り調査を行い、調査表を宿舎に持ち帰って夜に集計、分析、原稿作成を行った。次の日には調査農家、関係者の前で報告を行うというハードなスケジュールであった。時には徹夜の作業もあった。これを経験した学生は、翌年の卒論作成に容易に取り組むことができたことで、卒論のためのトレーニング学習の場でもあった。学生と一緒に農家の方々と語り合えたことはこの上ない幸せな時間であった。末尾に参加学生の名前を記したが、現在、酪農経営者、公務員、農協職員、農業資材会社など社会で幅広く活躍している。

足寄町を訪問する度にお世話になったのが坂本秀文さんであった。学生の酪農実習でも農家への手配などお世話になった。この間、坂本さんは足寄町開拓農協、足寄町役場、びびっど足寄町移住サポートセンターと職場を異動されたものの、坂本さんは放牧酪農家の指導および新規就農者の誘致と入植後のお世話に携わっておられたことが私にとって幸いした。また、本著作の執筆に際しても貴重な資料や写真の提供をいただき、全ての放牧農家のインタビューにご同行願った。本著作は坂本さんなしでは完成しなかった。坂本さんとの共著ともいうべき著作である。また、びびっどコラボレーション代表の櫻井光雄さんにはインタビュー訪問の度に数々の便宜を図ってもらった。安久津勝彦前町長をはじめ町職員の方々には交流会などで大変お世話になり感謝に堪えない。

本書は、22回に亘り酪農専門雑誌デーリィマン誌に掲載したもので、編集者の星野晃一さん、広川貴広さんには大変お世話になった。また、掲載記事の出版について快諾をいただいた。本書の出版を快く引き受けてくれた筑波書房　鶴見治彦さんに感謝したい。

そして、退職後も研究、執筆の場を提供してくれた酪農学園大学と星野仏方教授に感謝したい。

学生時代、梶井功東京農工大学名誉教授（元同大学長）から農村調査実習の厳しい指導を受けたことが、私の生涯の研究の基礎になった。梶井先生は、2001年に行われた「農林行政を考える会」（現代表、谷口信和東大名誉教授）の代表として足寄町の共同調査を実施され、その成果は「農村と都市をむすぶ」誌で公表されたことで、足寄町の名が全国に知れ渡った。梶井先生は，同誌の編集長を生涯務められたが、昨年６月、ご逝去されたことで今日の足寄町の姿を報告できなかったことが残念である。

また、本書の企画は、かつて東大での研究員時代にお世話になった東京大学名誉教授の今村奈良臣先生から約15年前に東京での編集会議で提案されたものの、全国の放牧の事例収集を行っている間に、大学での役職を長く担当することになり、すっかりまとめる機会を逸してしまった。今村先生は今年２月ご逝去され、ご存命中に今村先生との約束が果たせなかったことが悔やまれる。

梶井先生、今村先生のご冥福をお祈りし、本書を捧げたい。

2020年５月

荒木　和秋

足寄町調査参加学生名

『北海道経営調査』（酪農学園大学有機酪農・酪農経営学研究室）

第14号（2000）「足寄町における酪農の現状と課題」（妹尾孝広、西村真美、一戸康男、藤川豊、渡邉耕治、加藤直子、広瀬貴章、杉山公弥子、中山仁）

第15号（2001）「足寄町における酪農・肉牛経営の現状と課題」（藤原和樹、和田俊彦、南雲利徳、千田裕子、高久知幸、一条英樹、南部高野利、太田広光、合田秀人、黒木敏美、稲村郁衣）

第30号（2017）「足寄町における新規参入と放牧酪農の現状」（押切諒、藤岡千也、三澤将太郎、長田侑也、武島拓海、原田雄貴）

【著者紹介】

荒木 和秋（あらき　かずあき）
1951年熊本県生まれ。78年東京農工大学大学院修了。北海道立農業および畜産試験場を経て86年酪農学園大学講師、97年NZリンカーン大学客員研究員（１年間）、98年酪農学園大学教授、13年酪農学部長、農食環境学群長、15年北海道農業経済学会長、16年大学改革支援・学位授与機構専門委員、17年酪農学園大学名誉教授、18年共生社会システム学会副会長

［主な著作（単・編著）］
『世界を制覇するニュージーランド酪農』デーリィマン社、2003
『農場制型TMRセンターによる営農システムの革新』農政調査委員会、2005
『自給飼料生産・流通革新と日本酪農の再生』（編著）筑波書房、2018

【協力】
坂本 秀文（さかもと　ひでふみ）
1948年福島県いわき市生まれ
71年酪農学園大学酪農学部卒　同年6月　足寄町開拓農業協同組合勤務
2005年農協合併により退職　06年足寄町役場　農業振興室　嘱託主事
16年から現職（(一社) びびっど足寄町移住サポートセンター）

よみがえる酪農のまち　足寄町放牧酪農物語

2020年6月8日　第１版第１刷発行

著　者　荒木 和秋
発行者　鶴見治彦
発行所　筑波書房
東京都新宿区神楽坂２－19 銀鈴会館
〒162－0825
電話03（3267）8599
郵便振替00150－3－39715
http://www.tsukuba-shobo.co.jp

定価はカバーに表示してあります

印刷／製本　平河工業社

ISBN978-4-8119-0574-7 C3061